motemote inko book

インコにモテモテ

言葉と気持ちまるわかりブック

総監修：石綿美香
監　修：西谷 英

永岡書店

はじめに

本書には、みなさんが縁あって出会ったパートナーであるインコとの生活が、より楽しく豊かなものとなるような情報がつまっています。

「見る、待つ、伝える」

これがインコに好かれるための

3大ポイントです。

インコの気持ちを知るには、小さなボディサインをよく観察すること。距離に敏感なインコがなついてくれるためには、時間をかけて待ってあげることも大事です。あなたの思いを伝えるには、インコにわかりやすい方法で伝えてあげてください。

同じ種類のインコでも、経験により性格もさまざまで、十鳥十色です。個性に目を向けて、接してあげてください。

ようこそ インコワールドへ

インコにはいろんな種類がいるよ。
あなたの飼っているインコはどんな種類かな？

ぶはぁ〜

コザクラインコ

にらめっこしよう！

かくれんぼ〜

マメルリハインコ

アキクサインコ

オカメインコ

ボタンインコ

インコと暮らす

感情豊かなインコは、飼い主さんにさまざまな表情を見せてくれるよ。一番かわいい表情はどれかな？

タイハクオウム

オカメインコ

インコと仲良くなろう！

インコだって人と同じで
それぞれ性格があるんだ。
それを知っておけば、
もっとインコと
仲良くなれるかも！？

よく観察してね！

注目！ プレイジムの中の
ワ・タ・シ

コザクラインコ

オカメインコ

なれると人懐っこいちゃん

なぁ〜んだ！
ト・モ・ダ・チだね！

セキセイインコ

好奇心旺盛くん

お！ エサ！？ パクッ！

ボタンインコ

怖がりで臆病くん

ん？ きれい！
でも怖いよ……

ズグロシロハラインコ

詳しいタイプ別診断は
次のページへ

どんな性格？

怖がりで保守的。すでに知っている場所やものを好む。一度平気になると、それをくりかえしたがる。

Aタイプは 好奇心よりも、警戒心が強い

人が近づくと……

十分離れて遠くから人の動きや様子をうかがう。追いかければその分離れるか、威嚇することも。

このおもちゃなら
落ち着くよ

食べ物

なれていないものには警戒し、逃げてえさ入れに近づかないことも。すぐに口はつけてくれない。

おもちゃ

距離をとって、なかなか近づかない。なれたものでも形や色が変わるだけで警戒することもある。

怖がりで臆病くんな

Aタイプの特徴

飼い主さん
なにしてるのかな……

しぐさ

急な動きや大きな物音に驚いて逃げる。緊張した姿勢、体を細くする、固まるなどがよくみられる。

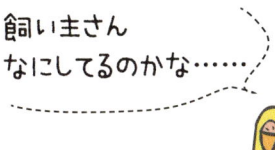

どんな性格？

興味はあるけれど不安もある。近づいたり離れたりをくりかえし、新しい環境やものになれていく。

この飼い主さんはやさしい人なのかな？

Bタイプは好奇心と警戒心が入り混じる

人が近づくと……

手が届かない程度の距離にとどまり、人の観察をする。興味のないふりをしていると徐々に寄ってくる。

近づこうかな？どうしようかな？

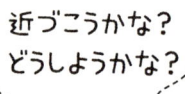

なれると人懐っこいちゃんな

Bタイプの特徴

食べ物

なれていないものには警戒するが、よく見たりくちばしで、そっとつついてみたりする。

おもちゃ

はじめは距離をあけて様子を見ているが、徐々に好奇心から近づく。ドキドキしつつも克服する過程を楽しむ。

しぐさ

驚いたり逃げたりするが回復も早い。はじめてのものでも、大丈夫だと思えば、近寄って確認しようとする。

どんな性格？

新しいものへの関心が強く、すぐにくちばしで触れたりかんだりも。しかし、執着心は少なく関心は移りやすい。

Cタイプは好奇心が警戒心を上回る

人が近づくと……

なれるまでの時間が短い。自分から積極的に人の手や肩にのろうとする。

好奇心旺盛くんな
Cタイプの特徴

食べ物

食べられるかどうかの確認もしないまま口にしてしまうので、食べてはいけないものを誤飲することも。

おもちゃ

常に新しいものを求める傾向がある。クリエイティブな遊び方をするので、それがもとでケガをすることも。

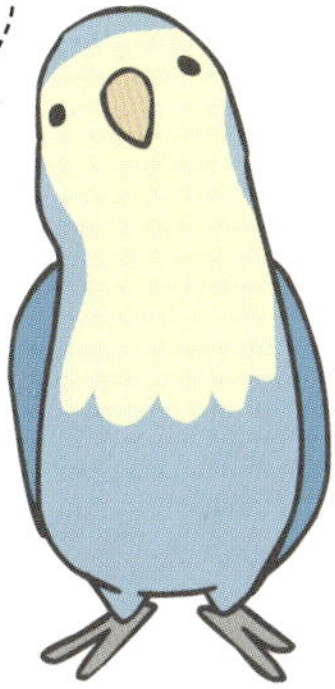

しぐさ

積極的に近寄ってくる。距離をあけても、すぐに戻る。動きは速く、落ち着かないように見える。

性格タイプ早見表

あなたのインコはA、B、Cのうちどのタイプでしょうか？P10－15では見なれない人や食べ物などを見せたときの特徴的な反応をタイプ別に紹介しています。あなたのインコの反応がどれに近いかをチェックしてみてください。以下の早見表も、見極めに役立つ反応なので参考にしてみてください。A、B、Cのうちあてはまる項目が多いタイプが、あなたのインコの現在のタイプです。

顔や手を近づけたとき

A 遠ざかり、近寄ってこない

B 少し離れたところで様子を見る

C 近づいてきて、動きを追う

その後、背を向けたときの反応

A それでも近寄らない

B そろそろと近寄ってくる

C 正面まで回り込んでくる

驚いたとき

A できるだけ遠ざかり、戻らない

B ある程度離れ、安全確認をしてから戻る

C 少しだけ離れ、確認しにくる

ケージから出すとき

A 安心できる場所なので出たがらない

B 出入口あたりをウロウロし、周りが安全そうなら出てくる

C ケージの前面にはりついて、「出たい」をアピール

なれている飼い主との放鳥時

A 安心できる存在なので離れない

B 他へも行くが、飼い主が移動するとついてくる

C 他に興味がわくと、飼い主そっちのけで戻らない

その他の特徴

A 怖がり。用心深い。ビビり

B 怖がりだけど好奇心も。穏やか

C 積極的。冒険好き。落ち着かない

目次

5章 インコがリラックスする飼い方

6章 インコのからだがわかる

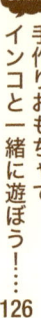

1章

[性格タイプ別]インコに好かれる接し方

インコには大きく分けて
3つの性格があります。
性格を知ることで、
インコの喜ばせ方もわかるはず。

性格別コミュニケーション

怖がりで臆病くんな Aタイプ

1. 話しかけ方

真正面からのぞきこまないよう、インコに対し体を斜めにし、視線を外して距離を置きます。その姿勢のまま静かな声で語りかけましょう。

2. スキンシップの仕方

手や体など何が苦手なのかを見極めます。安心感を持つように、近寄ってきたらそっと声かけやおやつを。インコのペースで慎重に。

3. おすすめの遊び方

新しいおもちゃはまず警戒するので、遠くで見せて徐々になれさせましょう。怖くないとわかれば、大好きなものに変わることも。

4. 注意すること

新しいものだけでなく、速い動き、大きな物音などにも驚いてしまいます。それがケガにつながることもあるので、注意しましょう。

こんな人におすすめ!

インコの小さなボディサインを読んだり、少しずつ心を開いてくれて築かれていく信頼関係を感じたりしたい方に良いですね。

性格別コミュニケーション

あれなんだろう？
近づこうかな？
やめようかな？

なれると人懐っこいちゃんな Bタイプ

1. 話しかけ方

!

様子を見ながら、高い声や低い声で話しかけるなど、いろいろ試してみましょう。耳を傾けていたら聞いているのかもしれません。

2. スキンシップの仕方

近づいてきたらほめるなど、インコの好むことをします。いったん離れても、追いかけず待っていれば戻ってきてくれるでしょう。

遊んで～

3. おすすめの遊び方

新しいおもちゃは、まず距離をとって近づくのを待ちます。どんな風に確認し、安心して遊びだすかの過程を見るのも楽しいです。

4. 注意すること

平気なものとそうでないものがあります。大丈夫と思って近づけても逃げてケガをしたり、怖がったりする可能性があるので注意。

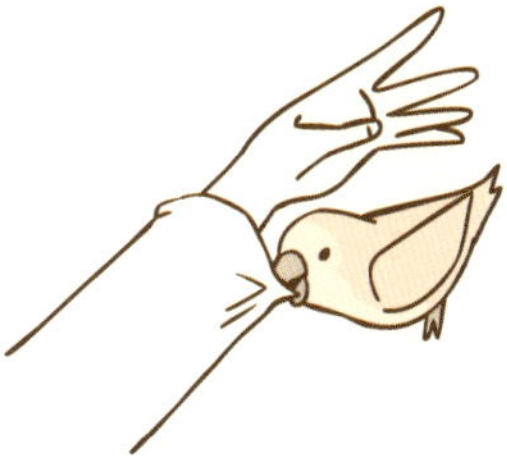

こんな人におすすめ！

一緒に行動範囲や楽しみを増やしていきたい方におすすめです。インコの考える様子や徐々に高まる順応性を観察しましょう。

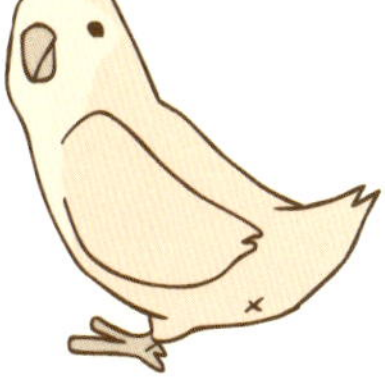

性格別コミュニケーション

好奇心旺盛くんな Cタイプ

1．話しかけ方

アイコンタクトも好きそうなら積極的にして、笑顔でたくさん話しかけましょう。それらのすべてに良い関連づけをしてくれます。

2．スキンシップの仕方

なでることを喜んでくれるようなら、それもごほうびになります。ただし、発情につながることもあるので注意しましょう。

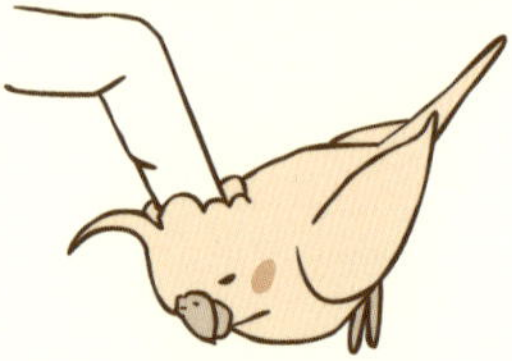

3. おすすめの遊び方

引っぱりっこやお出かけなど、人と一緒に遊べるものを増やしましょう。飽きやすいのでおもちゃの入れ替えもすると良いです。

4. 注意すること

退屈や興奮から呼び鳴きやいたずらなど困った行動もするので、楽しみを提供してください。危険なもので遊ばないよう気をつけて。

こんな人におすすめ！

インコと積極的にコミュニケーションをとりたい方におすすめ。常に楽しみを求めているので、退屈させないようにしましょう。

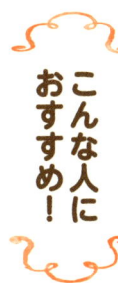

Column

インコの性格って変わるの？

性格は、その子が生まれてからの経験で作られます。
したがって、基本的には「今」のものです。飼い主さんとの
出会い以降の環境、人やものとのかかわり方によって変わります。

インコの反応を見よう

好奇心旺盛なCタイプでも、しおらしくなったり、用心深くなったり、Aタイプのような反応をすることも。また、Aタイプと思っていたのに、特定のものにはCタイプのような反応をすることもあります。

環境、人やものとのかかわり方の積み重ねで、AからCタイプにも、CからAタイプにも変わる可能性があります。人との暮らしの中で怖いものが少なく、楽しい毎日を過ごせるよう、臨機応変な対応で自信のあるインコに育てましょう。

2章

インコの気持ちがわかるしぐさ、鳴き方

しぐさや鳴き方は、インコができる
精一杯の感情表現です。
ちゃんとくみとることで、
インコはあなたをもっと好きに
なってくれます。

インコの気持ちを知るには観察が大事

インコとコミュニケーションをとるにあたって、
まずはインコの気持ちを知っておくことは、とても大切なことです。

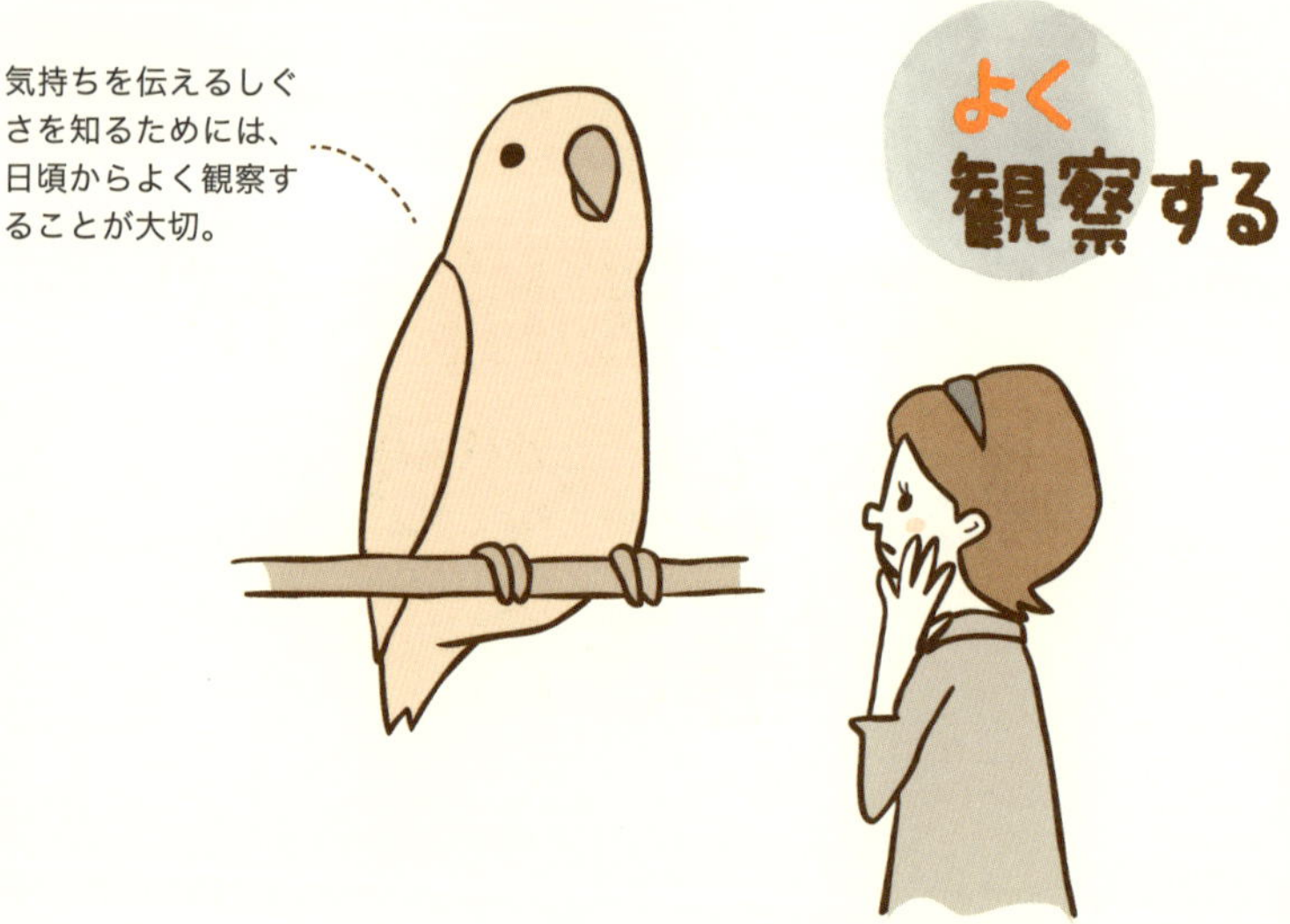
気持ちを伝えるしぐさを知るためには、日頃からよく観察することが大切。
よく
観察する

しぐさによって気持ちを伝えているのです

「インコとより良い関係を築きたい」とはどの飼い主さんも願うことです。そのためには、インコが今、何を望んでいるのかを理解してあげることが必要です。

インコは、人間のように言葉によって、自分の気持ちを表現することはできません。しぐさや鳴き声などで気持ちを伝えています。

インコが見せるしぐさには、さまざまなものがあります。気持ちを表すしぐさは、鳥種や性格タイプとは関係なく、どのインコでも共通しています。

どんなしぐさがあるのかを、まずはよく知っておきましょう。

鳴き声にも注意

鳴いているなと思ったら、そのときの状況やしぐさなども合わせて判断を。

鳴き声にも注意してあげましょう

鳴き声も鳥種によって違いがあります。また、性別や個体差によっても、よく鳴くインコもいれば、そうでないインコもいます。

そして、そのときの状況や環境によって、急に大きな鳴き声を出したり、ブツブツとつぶやくように鳴いていたり……。インコが自分の感情やメッセージを伝える鳴き声もいろいろです。

どうしてこんな声で鳴いているのかな？　と、理解してあげることも、インコとより良い関係を築くためには大切なことです。

鳴き声だけでなく、しぐさと合わせて判断してあげましょう。

羽がブワッと広がっている

インコの全身は羽におおわれています。羽がどのようになっているかによって気持ちを判断する目安のひとつになります。

ニュートラルで感情的にも落ち着いている

口周りもブワッ
頬のあたりの毛もふくらみ、その毛がくちばしをおおうこともある。
全体がふんわり
全身をおおう羽がふんわりして、体がやや太く見える。
ゆるゆるだらーん
リラックスして、全身の力が抜けている状態。

心身共に落ち着いており一緒に遊ぶ絶好のチャンス

人間はリラックスしているときに、体の力が抜けていますよね。インコの場合は、羽と体の間に隙間を作るような感じで、体全体の羽を広げているときは、安心してリラックスしているしぐさです。

全体をよく見てみると、目にもどこにも力が入っていないようです。

もしかしたら退屈しているかもしれません。やさしく話しかけたり、一緒に遊んだりしてみましょう。インコの気持ちが安定しているこの状態のときは、飼い主さんとコミュニケーションをとるのに一番向いているタイミングです。

眠くなってきた

目がトローン

開けていた目は、やがて半目になり、まぶたが閉じる。

重心がおしりに

足のあたりまで羽におおわれていると重心が下がっていることがわかる。

だんだん眠くなってきて やがてぐっすり眠ります

リラックス状態が続くと、ほど良い脱力感で、気持ちいいなぁとウトウトと眠くなってくるものですよね。それはインコも同じです。

目をよく見て、半目になっていたら、眠い状態です。やがて完全に目を閉じ、本当に寝てしまいます。そのままそっとしておいてあげましょう。

トリさんのひと言

寒いときもあるので注意

寒さを感じても同じようなしぐさをするよ。そんなときは部屋の温度を確認してあげてね。あと、具合が悪いときもあるから、フンの状態や食欲があるかも見てあげよう。

顔を傾け、目を上に向ける

インコは顔や目の動きでも、何らかのサインを送っていることがあります。
細かい部分の動きもよく見ておきましょう。

ボーッとしている
目のあたりに特に力は入っていない。
動きがのんびり
ゆったりした気分なので、体のどこにも力は入らず、動きものんびり。
心が落ち着いて退屈もしている

退屈そうにしていたら楽しくスキンシップを

退屈だなぁ、なにかおもしろいことないかなぁと思ったときに、つい部屋の天井を、ぼーっとながめてしまうことがありますよね。

インコも同じように、顔を斜めにして目を上に向けているのは、退屈しているのかもしれません。このようなしぐさが見られたときには、体に力が入っているかどうかもチェックしてみましょう。落ち着いているときは、体に力が入っていません。

体の力が抜け、退屈そうにしているかな、と思ったら、遊びに誘うなどして、コミュニケーションの時間を作りましょう。

なんか気になる……

ジーッと見つめる

気になるものがあると、それに視線を向けたまま観察する。

体がシュッと

体に力が入っているときは、いつもと比べて体が細く見える。

目線の先に何があるのかを確認してみましょう

ある特定の場所やものを見続けているときには、目線の先に興味をひかれるものがある可能性も考えられます。

見なれないものを見た瞬間、まずは緊張して、体が細くなります。そのあとにどのような状態になるか、インコの様子をよく見ておくことが大切です。

トリさんのひと言

次の行動に気をつけておく

緊張して体が細くなった状態が続いてないかな？　もしかしたら目に入ったものが怖くて不安を感じているのかもしれないよ。それを隠してあげて、不安を取り除いてあげてね。

羽をブルブルッ

インコが羽で気持ちを表すしぐさにもいろいろあります。
全身の羽を震わせる動きにもサインがかくされているのです。

リラックスしています

羽をプクッとふくらませる

全身に空気を入れて羽をふくらませ、体をブルブルッと。

リラックスしたときに見られるしぐさです

水浴び中やその後に、インコは体を震わせ羽をブルブルッとさせることがあります。これは体や羽についた水を振り払っているのだと、わかりますよね。

でも、水浴びしていないのに、羽をブルブルッとさせることがあります。体の中に空気を入れるように全身の羽をふくらませたかな、と思ったら、その後、羽をブルブルッ。

こんなしぐさのときは、インコがリラックスしていると考えられます。一緒に遊ぶ、声をかけるなど、コミュニケーションをとるのに向いています。

気持ちを切り替えている

両羽をちょこっと広げる

かたくなった体をほぐすために伸びのような感じで両羽をやや広げることも。

緊張した後などには気分転換にすることも

例えば、はじめてのものを見たなどで、緊張して体に力が入った後、しばらくして、このようなしぐさを見せることがあります。

この場合は、緊張してかたくなった体をほぐそうとしていると考えられます。気持ちを切り替えて、落ち着かなきゃという意味が込められているのです。

トリさんのひと言

尾羽でも気持ちを表現

尾羽《おは》の長さはインコの種類によってもさまざまなんだ。体の羽を震わせながら、尾羽もブルブルッとさせるしぐさを見せるインコもいるんだよ。

口を大きく開けている

インコをはじめ、鳥たちにとってくちばしは、いざというときに自分の身を守るためにも使われる部分なのです。

怒っている

目がキリッ

いつもと比べて、やや目が細く、つり上がったように見えてするどい目つきに。

ぐんぐん前へ

口を大きく開けて、嫌なものを追い払うときには、体も前のめりになる。

怒っているときは落ち着くまで待つこと

インコに手を差し出してみたら、その手に向けてインコが大きく口を開けていた、という経験はないでしょうか。

何か気に入らない、それを自分の前から追い払いたいときに、口を大きく開けます。手を差し出したときに、インコがこのようなしぐさをしていたら、その手を嫌がっているのかもしれません。

口だけでなく、他の様子もよく見てみましょう。一緒に遊んでいるときに、このようなしぐさが見られたら、いったん遊びを止めます。落ち着くのを待ちましょう。

不安だから攻撃してやる！

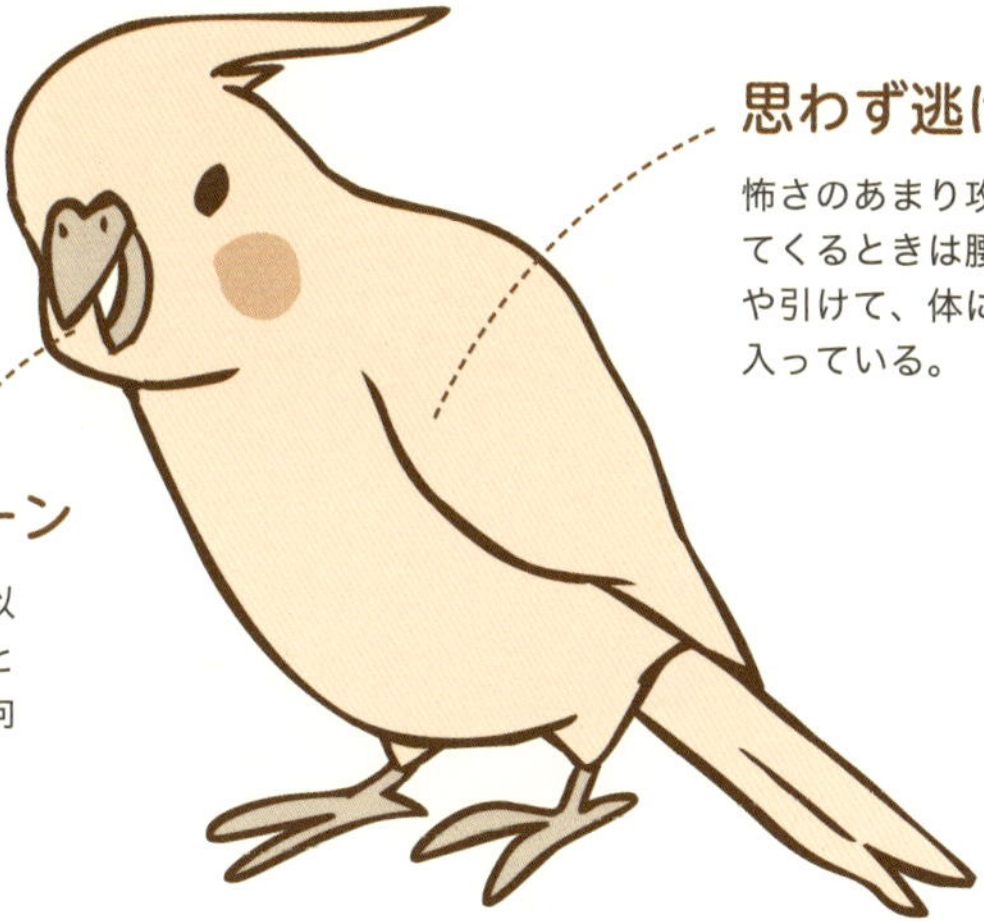

思わず逃げ腰

怖さのあまり攻撃してくるときは腰がやや引けて、体に力が入っている。

お口はポカーン

口は大きく開ける以外に、半開きのことも。頭もやや下に向けた状態に。

怖くて不安でも攻撃の姿勢を見せる

自分が嫌なものが近寄ってきたとき、インコはその場から逃げ出すこともあります。しかし、逃げられない状況であれば、怖くて不安でも追い払わなければと、攻撃に出るのです。そんなときも口を開けるしぐさをします。

怖がっているのだなと、気づいてあげることが大切です。

トリさんのひと言

冠羽の動きもチェックを

冠羽《かんう》があるインコを飼っているなら、冠羽の動きもよく見てね。不安なときは冠羽を頭にピタッと寝かせるんだ。冠羽を立てるしぐさはP44でも紹介しているよ。

飛びかかって向かってくる

放鳥しているときやケージの中にいるときに、インコが飛びかかってくることにも、メッセージが込められています。

もう逃げられないから攻撃してやろう
大きな口でシャーッ
飛びかかる前にまずは口を大きく開けて威嚇することも。
バサッと広げてぐいっ
威嚇するのに体を大きく見せるため両羽を広げる。攻撃対象に向けて前のめりに。

追いつめられたことで向かってくる場合が

インコは、いきなり相手に攻撃をしかけて、ケンカを好んでいるわけではありません。飛びかかってくるというしぐさにも、必ず理由があるのです。

例えば、人が近寄ってきたときに、人になれていないインコは、相手との距離をとりたくて逃げます。でも逃げられる距離がないとき、追いつめられたときの最終手段として、飛びかかってくるのです。インコにしてみれば、やむを得ずの攻撃ということです。

あなたと仲良くできるまでには、もう少し時間をくださいね、の意味があるのかもしれません。

「遊んでくれた」と思っている

やさしい表情

怖くて飛びかかるわけではないので、目つきも普段に近く、おだやかな表情に。

体がだらーん

遊びのつもりのときは、体が緊張することもないため、特に力は入らない。

相手の反応を楽しんで遊びになっていることも

人なれしているインコだと、わざと飛びかかってくることもあります。以前、飛びかかったときに、相手が「きゃ〜」と騒いだ反応がおもしろかった、相手が逃げたなど、自分にとって良かったことが起こった経験があると、それをくりかえします。遊び感覚のつもりなのかもしれません。

トリさんのひと言

究極の攻撃がかみつきに

僕たちインコの究極の攻撃はかみつきなんだ。怖くて逃げたいのに逃げられない、口を開けてもダメ。そんなときかみついたりするよ。かみつきについてはP54も見てみてね。

尾羽を広げる

インコの種類によって、尾羽《おは》の長さはいろいろです。
ときには尾羽を動かして、インコは感情を表現していることもあります。

怖くて不安 危険を感じる

バサッと持ち上げ ぐいっ

体を大きく見せるために両羽を持ち上げる。攻撃対象に向け、体も前のめりに。

口はパカッ 目はキリッ

威嚇のときは口を開けている。目の周りに力が入るため、するどい目つきに。

尾羽だけでなく全身のしぐさをよく見て判断を

自分が怖いものに対して、逃げられる状況にいれば、インコは飛んで逃げることができます。

でも、逃げることができず、身の危険を感じたときには、威嚇や攻撃のしぐさを出します。

尾羽《おは》を広げるというのも、そんなしぐさのひとつです。尾羽を広げることで、自分の体を大きく見せて、相手を威嚇しています。

個体差があるため、必ずしも、どのインコも広げるわけではありません。全身の様子を見て、威嚇しているかなと思ったら、手を出したり、無理強いすることは避けるようにしましょう。

興奮している

くりくりおめめ

興奮しているときは目を大きく見開く。

体がキュッと細く

激しく興奮すると体に力が入り、全身の羽を寝かせて、体が細くなることも。

落ち着きを取り戻すまでそっとしておきます

激しく興奮しているときも、尾羽を広げることがあります。遊びが楽しくなってきて興奮することもあれば、恐怖のあまり興奮することもあるものです。

いずれの場合でも、興奮状態にあるときは、インコが落ち着くしぐさを見せるまで、待ってあげることが大切です。

トリさんのひと言

体重移動もよく見ておく

インコの体が前のめりだったり、後ずさりしていたりしないかな？体重移動の様子からも、不安かどうかがわかったりするよ。わずかな動きも見逃さないようにしようね。

冠羽を立てる

冠羽《かんう》を持つオカメインコなどは、冠羽を使ったしぐさもよく見られます。どんな意味があるのか知っておきましょう。

不安を感じて警戒している

じとっと見つめる
するどい目つきに。警戒している対象物から目を離さないようになる。

体がシュッ
緊張から体がいつもより細くなり、怖いと体を後ろにのけぞるような様子も。

わかりやすい部分だけど必ず全身の様子も見ておく

冠羽《かんう》とは、頭頂部にある長い羽のことです。セキセイインコなどには冠羽はありませんが、オウム科のオカメインコなどにとって、冠羽は特徴のひとつです。

ピンと立てたり、ペタンと寝かせたりという冠羽の動きは見てわかりやすい部分でもあります。

冠羽を立てるのは、怖いものを見た、不安を感じたときなどに警戒しているというサインです。

また、不安を感じているときに必ず立てているわけではなく、頭にペタンと寝かせていることもあります。冠羽だけでなく、全身もよく見ておきましょう。

興味を持っている

キラキラおめめ

対象物を見つめ、興味を持ったキラキラしたような目に。

体がだらーん

体は緊張していない状態。対象物に対し、体が前のめりになっている場合も。

体が緊張していないときは興味を示していることも

好奇心旺盛なインコの場合、興味や関心を持っているときにも冠羽を立てることがあります。

このようなときは、興味の対象に自分から近寄ろうとする、体が緊張していないなどの様子も見られたりします。

冠羽を立てていても、状況や性格によっても違いがあるのです。

トリさんのひと言

速い動きを見逃さないで

冠羽を上下に動かしたり、素早く動き回ったり、インコのしぐさはめまぐるしく変わるよね。どんな気持ちか判断するには、そんな一瞬の動きも見逃さないようにしよう。

目を大きく見開く

目は口ほどにものをいう、といわれる場所です。インコの場合も、目の動きからもさまざまな感情を読みとることができます。

警戒や不安 興味や探究心……

目ヂカラググッ

大きく開いた目は対象物を見つめている。興味を示せば、顔を前に出すことも。

体がほっそり

警戒しているときは緊張しているため、力が入って、体が細くなる。

次にどんな行動に移すか考えている最中です

新しいおもちゃなど、はじめてのものを見たとき、インコの目がいつもより大きくなっているように見えます。

インコが目を大きく見開いているときは、まずは警戒している状態です。そして、頭の中でこれは怖いものなのかな、楽しいものかなと考えているのです。

そして、怖いと思って警戒を続けて、はじめてのものから遠ざかっていくのか、興味や期待を示し、少しずつ近づくのかなど次の行動に移していきます。

どのような動きをするのかを、よく見ておくことが大切です。

点目になったら 興奮状態

黒目がちょこん

興奮すると黒目の部分にあたる虹彩が縮んで、黒目の部分が小さく見える。

状況でバラバラ

楽しくて興奮しているのなら、体に力は入っていないが、怒っているときは逆。

何らかのきっかけで興奮しています

黒目の部分（虹彩《こうさい》）が小さくなって、まるで点のような目に見えるときもあります。

興奮状態になると、このような点目になります。楽しくて興奮しているのか、それとも怒って興奮しているのかは、状況によっても違います。いずれにしてもインコが落ち着くまで待ちましょう。

目の様子で健康チェック

目の確認は実は結構大事なんだ。いつもより目の輝きがない、半目や閉じていることが多いときはなにかの病気かも!?　少しでもおかしいなと思ったら早めに病院へ行こう。

小さな声で「もじょもじょ」と鳴く

鳴き声も、インコが落ち着いた状態でいるのかどうかの目安になります。どんな鳴き声なのか知っておきましょう。

リラックスしていて眠いときも……
半目でうとうと……
落ち着いている状態なので、目に力は入っていない。眠いと半目になる場合も。
全身の羽をブワッ
リラックスしているときは、全身の羽をふくらませている。

コミュニケーションをとるきっかけのひとつです

なんとなく聞こえてくるインコの小さな鳴き声。まるで人間がブツブツとひとり言をつぶやいているような感じ……。

インコが、もじょもじょとやや低めの声で小さく鳴いているときは、心身共にリラックスしている状態といえます。

このような鳴き声のときは、おしゃべりの練習をしてみるなど、インコとコミュニケーションをとるには向いています。

落ち着いた気分なので、そのままそっとしておくと、眠ってしまうことも。眠いときにも同じ様な鳴き声を発します。

こっそりとおしゃべりの練習中

お顔をフリフリ

ご機嫌なときには、鳴きながら、顔を上下に動かす。

体がだらーん

落ち着いている状態なので、体のどこにも力が入っている様子はない。

インコの様子によってはそっとしておく必要も

インコがなぜ人間の言葉をマネするのかはＰ68で説明しますが、このような鳴き声をしているときは、おしゃべりの自主練習をしている場合もあります。

中には、飼い主さんに近づかれると、鳴くのをやめてしまうインコもいます。そんなときは、遠くから見守ってあげましょう。

トリさんのひと言

鳴き声には2種類あります

インコには大きく分けて２種類の鳴き声があるんだ。生まれつきの短い鳴き声が「地鳴《じな》き」、経験や学習から身についた少し長めの鳴き声を「さえずり」っていうんだよ。

リズムをとり歌うように鳴く

さえずりが、まるで歌っているかのように聞こえることがあります。
そんな鳴き声も、何かしらのサインを送っているのです。

相手の気を引こうとしている（求愛）

目がクワッか黒目ちょこん

発情しているときには、目が見開いているか、黒目が小さくなる。

気を引きたいというメッセージです

インコのメスは、より美しい声で素敵な歌を自分に贈ってくれるオスを選ぶ習性があります。

ですから、オスはメスに自分を選んでもらうために、他のオスに負けないようにと、より素敵なメロディを奏でようとします。歌のバリエーションが豊富なオスほど、メスにモテるということです。

近くにメスのインコがいる、そしてオスがリズムをとって歌っているように鳴いているときは、異性の気を引くための求愛の意味が込められているのです。

中には飼い主さんに向けて、歌を贈るインコもいます。

ご機嫌なのです

お顔をフリフリ

ご機嫌なときには、リズムを刻むように顔を上下に動かすことも。

ご機嫌だけどやや興奮していることも

歌うように鳴くのは、必ずしも発情しているときだけとも限りません。鳴いていたときに、飼い主さんが注目してくれた、という自分にとって良いことがあった、歌うのが楽しくて興奮している場合などもあります。

いずれにしても、ご機嫌な状態にあるのだと考えられます。

トリさんのひと言

鳥種により鳴き声にも違いが

同じ鳴き声でも鳥種によって得意なことが違うんだ。人間の言葉をマネするのが得意とか、メロディを奏でるのが得意とか。オカメインコは歌が得意っていわれているんだ。

大きく高い声で鳴く

まるで何かを訴えるようにして鳴くときには、よく様子を見てあげましょう。鳴いている原因は何なのかを把握してあげます。

危険や
不安で
興奮している
体が
ギュッと細く
緊張して体に力が入り、いつもより体が細く見える。

不安や警戒しているかはしぐさも合わせてチェック

キャリーケースに入れて、はじめて電車やバスにのってお出かけ。そんなときに、突然大きな声で鳴き始めたので、びっくり。

インコは、何かしらの危険を感じて警戒したり、興奮しているときに、大きく高い声で鳴くことがあります。はじめての場所に不安を感じているのかもしれません。

また、飼い主さんにかまって欲しいときにも、同じように大きな声で鳴くこともあります。

警戒や不安で鳴いているのか、そうでないのかは、鳴き声だけでなく、そのときの状況やインコの全身の様子を見て判断しましょう。

不安でソワソワ……

ソワソワかカチーン……

落ち着きがなく動きまわっているか、不安や恐怖があると、体がかたまる。

気持ちが落ち着かなくて助けを求めている場合も

新しいケージに移してあげたときにも、同じような鳴き声をしていたら、新しい場所に落ち着かない気持ちなのかもしれません。

このようなときは、以前使っていたなれたケージにいったん戻してあげましょう。そして、様子を見ながら、新しいケージや環境にならす練習を少しずつします。

トリさんのひと言

鳴かなくなったら要注意

いつもはおしゃべりしていたのに、最近鳴かないなって思ったことはないかな？　そんなときは具合が悪いことも考えられるよ。一度動物病院で健康チェックをしてもらってね。

Column

問題行動？と思う前に インコの小さなサインを見逃さないで

飼い主さんからすれば困った行動であっても、インコがその行動を起こすのには必ず理由があるのだと知っておきましょう。

理由を考えよう

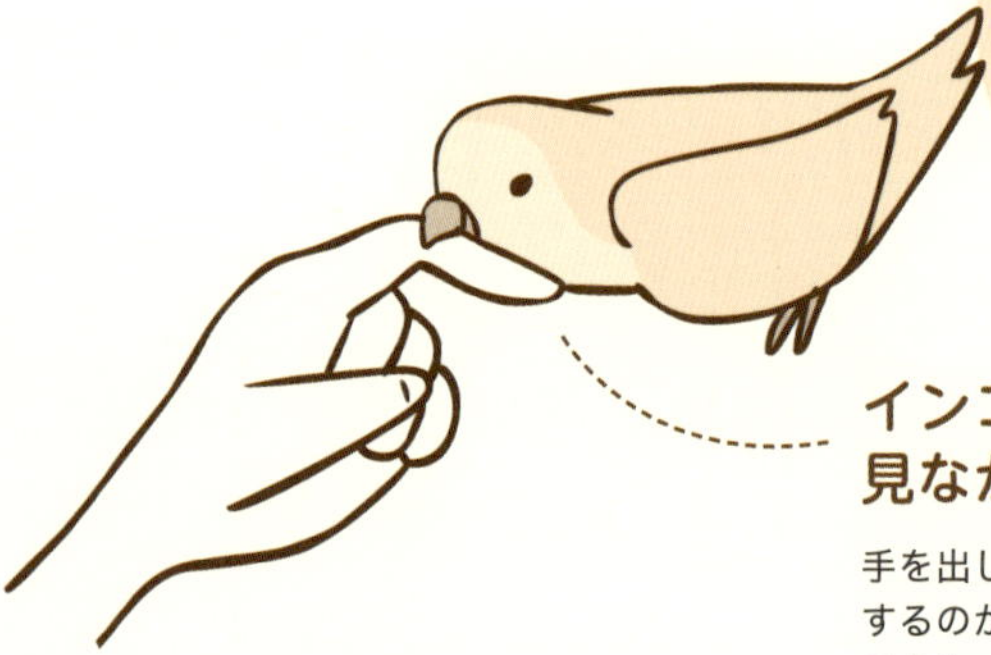

インコの様子を見ながら

手を出したらどんな反応をするのか、まずは様子を見ること。インコのメッセージを尊重してあげよう。

かむ状況にさせないようにします

インコが怖がっているのに、それにかまわず一方的に手を出せば、最終的にかむ行動に出ます。そして、インコにかまれたときに、その手をひっこめれば、かんだら嫌なものが消えると覚え、かむ行動を増長させることにもつながります。まずはかむという行動をさせないことが大切です。手を出したときに、インコがそれを怖がって緊張していないかよく見ておき、緊張していたら手を好きになる練習をしてあげましょう。また、かむなどの問題行動が悪化する前に、専門家に相談するのも大事です。

無視しないで

鳴いている理由をまず考えてみる

不安なときや甘えたいとき、さまざまな理由で鳴くことがあります。理由を考えるのが大事です。困らせたいわけではないので、「鳴いても無視」は関係ができるまではよくありません。まず小さなメッセージを読みとり信頼関係を。

発情を抑える

環境作りでコントロールを

本能的なものですが、発情しないような環境を作ることで、発情を抑えることはある程度可能です。例えば、ケージのレイアウトや置き場所、おもちゃの種類を変えたり、お友達の家にホームステイをしたりすることも効果的です。

Column

「毛引き」はストレスのサイン

ストレスが原因のことが多い

「毛《け》引《び》き」とは、インコが自分の羽を抜いてしまうことです。野生の鳥にはみられませんが、飼い鳥にみられる行動です。毛引きをする原因はさまざまですが、不安を感じている、退屈している、逆にかまわれすぎて安らげないなど、ストレスによるものが多いといわれています。原因となっているストレスを取り除いてあげましょう。また、体がかゆい、虫がついているなど、病気が原因であることもあります。毛引きが習慣化しないよう、発見したら早めに動物病院で診てもらいましょう。

3章

インコとトレーニングをして信頼される関係に

インコと仲良くなるためには、
コミュニケーションが大切です。
遊びながらトレーニングを
することで、お互いの信頼関係が
ぐんと深まります。

どうしたらインコに信頼してもらえるの？

コミュニケーションをとったり、トレーニングするには
信頼関係が大切。そのために必要なことを知っておきましょう。

距離感が大事
よーく観察
インコが送るサインを見逃さないよう、よく観察しよう。

インコも相手との距離感を大切にしています

インコに信頼してもらうために大切なのが、適切な距離感に気をつけることです。

人間も、ここまでの距離なら、相手に近づかれても大丈夫かな、というのがありますよね。その距離は相手との関係性や状況によっても、違ってくるものです。

かわいいから、触りたいからと、インコに近づいて手を出したときに、インコも個々に、ここまでが自分が安心できる距離というのがあるのです。それを考えずに、これ以上近づかないで、というサインを無視していると、信頼関係どころか、嫌われてしまいます。

気持ちを理解する

焦っちゃダメ

インコの気持ちを理解し、仲良くなるためには焦らないことが大事。

距離を縮めることを焦らないことも必要です

少しでも早く、インコと仲良くなりたい、と焦る気持ちもわかります。しかし、信頼関係を築くためには、インコの小さなサインをよく観察しておき、待ってあげることも必要なことです。

コミュニケーションをとるにあたっては、第2章で紹介した、しぐさや鳴き声を参考にして、インコがどんな気持ちでいるのかをまず理解しておくことです。そして、インコがリラックスしているときに、インコにわかりやすい方法で、こちらがして欲しいことを伝える。このような積み重ねが、お互いの信頼関係を築くために大切です。

遊びながらトレーニングするには？①

インコがものを覚えるしくみを知ろう

トレーニングなど何かを教えるにあたって、インコがものを覚える＝学習するしくみについて知っておくことも欠かせません。

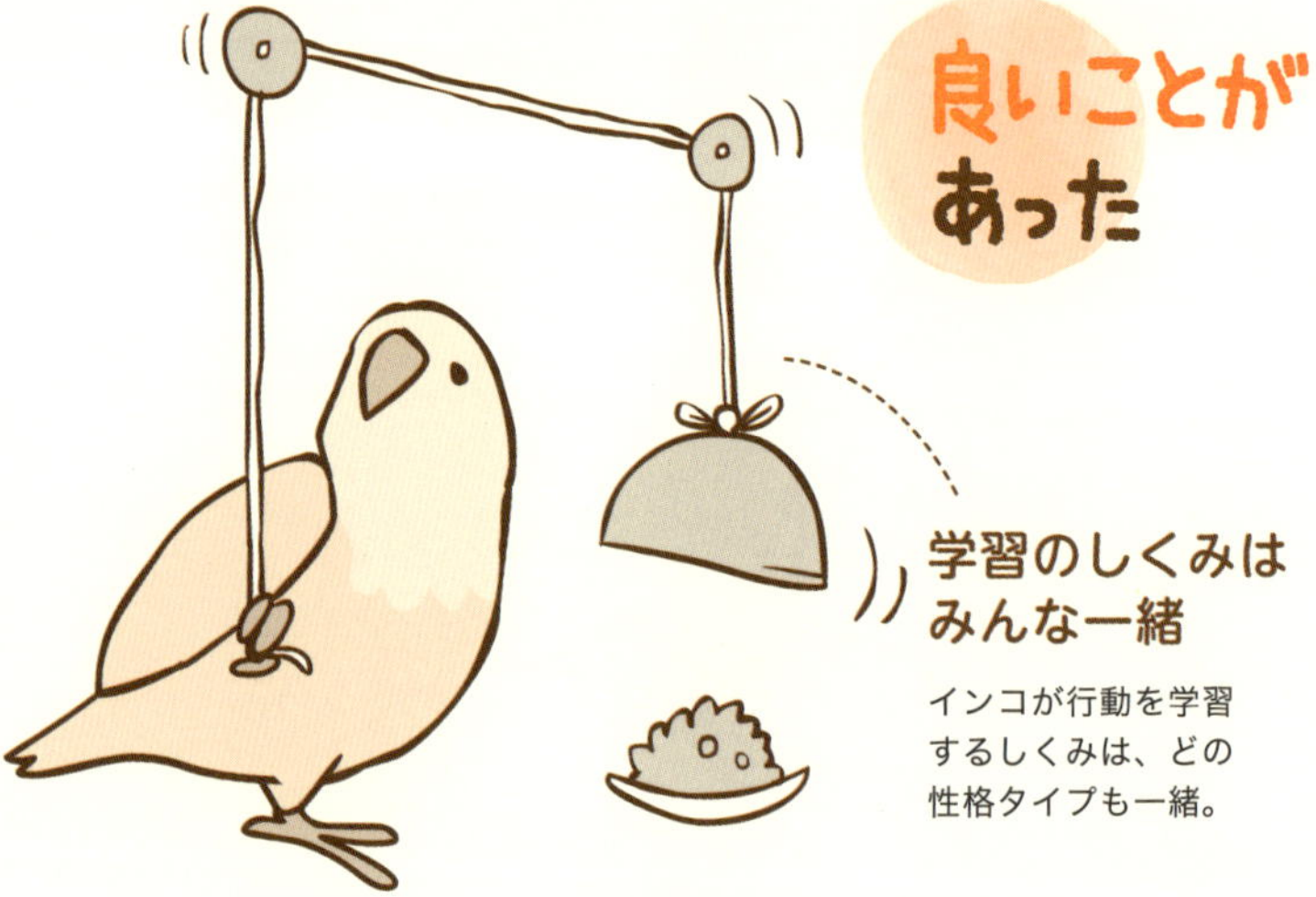

学習のしくみはみんな一緒

インコが行動を学習するしくみは、どの性格タイプも一緒。

その行動に対して良いことが起こればくりかえします

何かを教えるにあたって、インコはどのように学習していくのかをまずは知っておきましょう。これはどのタイプにも共通します。

インコは何かを行動したときに、良いことが起これば、その行動をくりかえすようになります。逆に良いことがなくなれば、その行動をやめてしまいます。

例えば、飼い主さんの手にのったとき、ごほうびをもらえて、良いことがあったら、次も手にのるようになります。逆に、ごほうびはもらえない、何も良いことがなかったとなれば、手にのるのをやめてしまうのです。

嫌なことがあった

よく知って一緒に暮らそう

インコが学習するしくみをよく知っておくことは、一緒に暮らすうえでも大切。

嫌なことに関しても同様に学習していきます

何かを行動したとき、嫌なことが起こった、起こらないというのも、学習に関わってきます。

例えば、手にのったとき、ギュッと握られて痛かった、怖かったなどインコにとって嫌なことが起これば、次から手にのることをやめてしまいます。手が嫌なものとなっている場合、手が近づいてきたときに、かむという行動をしたら、その手が遠ざかった＝嫌なことがなくなった、となれば、次からもかめば嫌なことが起こらないのだなと、覚えてしまいます。

このように経験によって、インコは学習していくのです。

遊びながらトレーニングするには？②

コミュニケーションにごほうびは大事

何かを教えるにあたって、欠かせないのがごほうびです。
ごほうび選びや与え方についても、気をつけることが大切です。

喜んでるかな？

ごほうびをインコが喜んでいるか、そのときの反応をよく観察しよう。

ごほうびが「良いこと」につながる工夫も必要です

声かけや遊ぶなどごほうびの種類にもいろいろあります。インコが喜ぶことを選びましょう。「良いこと」でなければ、ごほうびの役割を果たさないからです。

同じごほうびでも、それを喜ぶかどうかは、インコのタイプや経験、そのときの状況によっても違いがあります。ごほうびをあげようとしたときのインコのしぐさもよく観察しておくことです。

例えば、ごほうびの食べ物は欲しいけれど、それを持っている手が怖いとなれば、良いことにつながりません。ごほうびの内容や与え方は個々に合わせましょう。

与え方

タイプで工夫してね

ごほうびの与え方もインコのタイプごとに工夫してあげよう。

タイプ別によるごほうびの一例

用心深い
Aタイプ

なれている食べ物から選ぶ

ごほうびとして食べ物を与える場合は、食べなれているものから選びます。与え方も、手に警戒するようならば、下に置く、なれたエサ箱に入れるなどの工夫を。

怖がり＋好奇心
Bタイプ

状況に応じて判断してあげる

初めての食べ物や手に持ったごほうびに対して、少し時間をかけると近寄ってくるかもしれません。インコのサインをよく見ながら、喜んでいるかどうかで判断しましょう。

好奇心旺盛
Cタイプ

どんな物でも比較的受け入れる

好奇心旺盛なので、初めての食べ物でも、比較的すぐに受け入れます。食べ物に限らず、「おりこう」の言葉や飼い主さんの笑顔を見るのが好きなら、それらもごほうびに。

手のりインコにするには？①

手のりにさせたい、と願う飼い主さんも少なくありません。
インコの様子を見ながら、少しずつ手にならしていきましょう。

手にのって コミュニケーションを

手のりで仲良く

手のりにすると、コミュニケーションの幅も広がるなど、さまざまな良い点が。

人の手にならしておくと さまざまなメリットが

必ずしも、手のりにしなければならない、ということはありません。でも、手のりにすることで、インコと一緒に遊ぶバリエーションが増える、人の手になれていれば、体を触って健康チェックができる、などの利点があります。

手のりにするにあたって、まずは手を見せたときに、インコがどういう反応をするのか、観察してみましょう。ショップや以前の環境で手のりとしてかわいがられていたとしても、新しい環境に変わったことで、人の手を警戒することもあるからです。観察しながら対応していくようにします。

手のりインコにするには？②
手を近づけて反応を見る

ケージの外から手を近づけてみます。そのときにインコがどのような反応を見せるのかをよく観察しましょう。

どんな反応かな？

インコのしぐさなどをよく観察しながら、タイプ別に合わせた対応をしよう。

タイプ別による反応の違い

用心深い
Aタイプ

手の位置から逃げようとする

ケージの反対側に行ったまま、手から逃げる様子が続くなら、それ以上近づかないこと。ケージから離れたところから、少しずつ時間をかけて、距離を縮めていくようにします。

怖がり＋好奇心
Bタイプ

しばらくして近づいてくる

手を見たときに、一旦はケージの反対側に逃げるものの、しばらくして落ち着いた様子が見られ、少しずつ手に近づいてくるようならごほうびを与えるなどしてならしていきます。

好奇心旺盛
Cタイプ

積極的に手に近づいてくる

見せた手に積極的に近づいてくるようなら、次のステップへ。ただし、ケージの外からなら平気でも、中に入れると警戒することもあるので、必ず様子を見ること。

手のりインコにするには？③

手にのせたとき喜ぶことをしてあげる

インコが自分から近づいて、手にのってきたら、次のステップです。
手にのることが好きになるようにしてあげましょう。

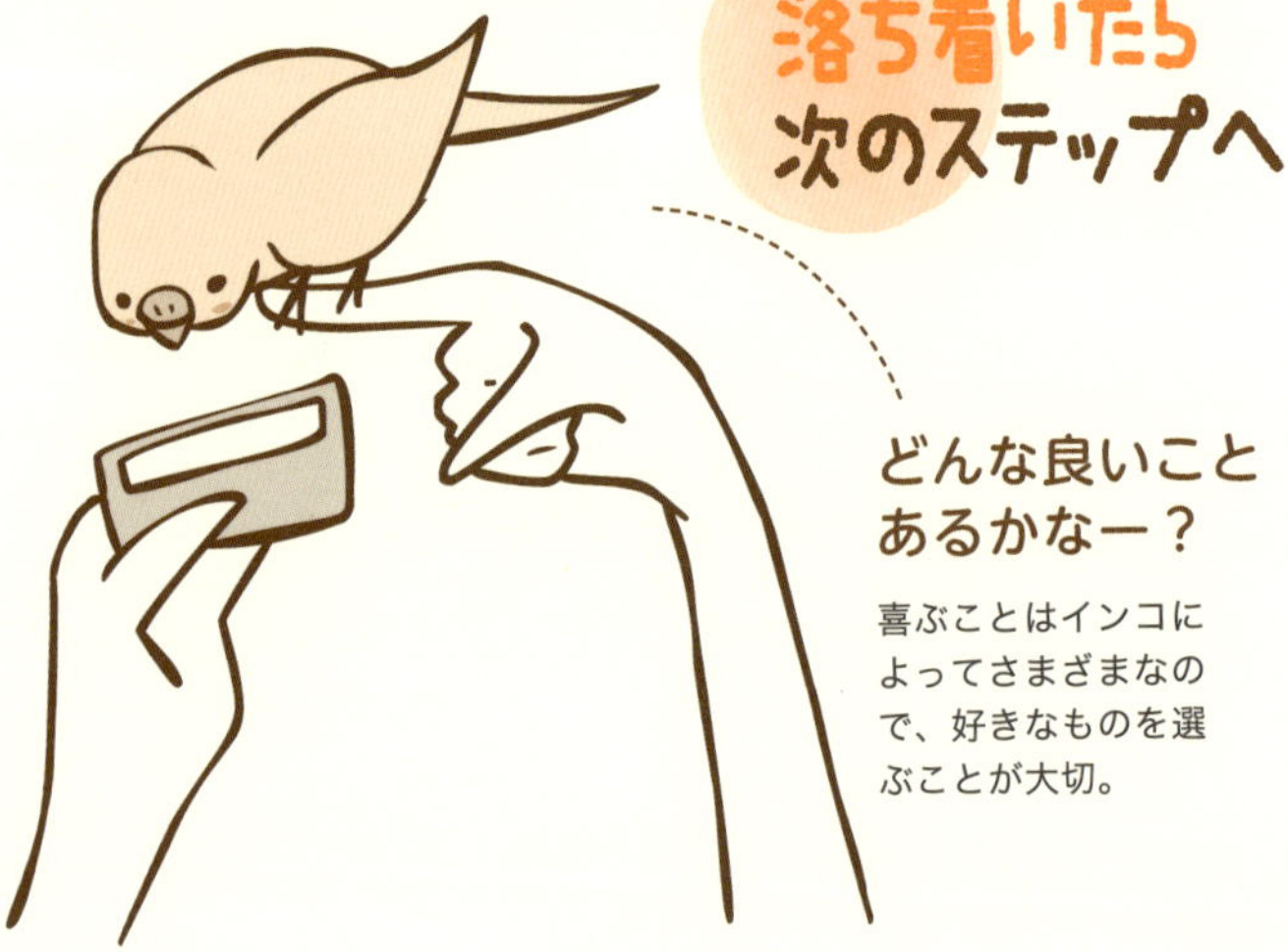

喜ぶことはインコによってさまざまなので、好きなものを選ぶことが大切。

手にのると「良いこと」があると教えていきます

ケージの外から手を近づけてもインコが落ち着いているしぐさが見られるようになったら、いよいよ次の段階です。ケージの扉を開け、手にのるまで待ちます。

このときも必ず、インコの様子をよく観察しておくことです。緊張しているしぐさを見せるようなら、決して無理はしないこと。時間をかけて、少しずつならしていくことが大切です。

そして、手にのったら、インコが喜ぶごほうび（＝良いこと）をあげます。それをくりかえしていくことで、手にのることが好きになってくれるはずです。

手のりインコにするには？④
止まり木にも止まれるようにする

土台があるもの、ないものと、止まり木の種類にもいろいろあります。
止まり木に止まれるようにしておくと役立ちます。

止まり木にチョコン

手だけでなく、止まり木にのることも好きにさせておこう。

止まり木のメリット

さまざまな場面で止まり木が活用できます

人間の手を好きにさせようと思っても、爪切りや病気のときに薬をあげるなど、インコにとって嫌なことをしなければならない場合もあります。そんな経験から人間の手を嫌がるようになったときにも、止まり木にのることを好きにしておくと安心です。例えば、放鳥のときに止まり木に戻らせる、止まり木にのせて移動する、のせたまま体重測定するなど、生活の中で役立つことが多くあります。

止まり木へ止まらせるためのトレーニングは、P78のクリッカーではじめてのものにならす方法を参考にして、行ってみましょう。

おしゃべりトレーニング①

どうしておしゃべりするか知ろう

おしゃべりを楽しめるというのも、インコの魅力のひとつです。楽しくコミュニケーションをとりながら教えていきましょう。

飼い主さんを仲間と認識

リラックスのときが大事

おしゃべりを教えるにはリラックスしているときに、話しかけることが大切。

仲間意識があるのでインコはマネが得意です

インコの多くは、人間の言葉や歌のマネをするのが好きです。

どうしてインコがマネをするのかには理由があります。群れで暮らす習性があるため、その多くは仲間意識が強いのです。群れの仲間と鳴き声を共有させながら、情報交換や意思を伝えあいます。

ですから、人間と一緒に暮らしているインコにとって、仲間である飼い主さんの言葉をマネしようとするのです。

おしゃべりを覚えさせたい場合には、インコがリラックスしているときを狙って、少しずつ練習していきましょう。

低い声より高い声

高い声のほうが安心

低い声が苦手なインコもいるので、おしゃべりを教えるときはできれば高い声で。

言葉の内容や音の高さアクセントを統一させます

おしゃべりを教えるには、いくつかのポイントがあります。

インコに限らず、動物は一般的に低い音に対して警戒する傾向があります。ですから、声は高めの方がおすすめです。ただ、低い声でもマネするインコもいます。

一番大切なのは、覚えさせたい言葉の内容や音の高さ、アクセントを統一しておくことです。言葉を覚えさせようとしても、家族がバラバラに話しかけていれば、インコも混乱してしまいます。

家族であらかじめ統一させておけば、それだけ覚えるのも早くなるはずです。

おしゃべりトレーニング②
インコの集中力がもつのは30秒

どんなトレーニングでも、短時間でインコがもっとやりたいなと
楽しい印象を残しているうちにきりあげることも大切です。

長時間はムリッ

楽しいことでも、長
時間続ければ集中力
がとぎれるもの。

インコがあきてしまうまで続けないようにします

おしゃべりを教えるだけでなく、トレーニング全般において、インコがあきてしまう前に、短時間できりあげるようにしましょう。

人間も、仕事や勉強で集中力を持続させるのは難しいものです。インコの集中力は30秒程度と考えてください。もちろん個体差もありますから、インコの様子をよく見ておきましょう。

あきて疲れてくると、その場から離れていくなどの様子が見られます。そうなる前にやめることです。インコがもっとやりたいと興味のまだあるうちに、短期集中で教えていくのが、上達の秘訣です。

話しかける

ごほうびを使ってね

インコの反応を見ながら、ごほうびを上手に使って、少しずつ練習しよう。

話しかけた声に近い声を出したらごほうびを

最初は短い言葉から、少しずつ段階をふんで教えていきます。

インコがリラックスしているときに、覚えさせたい言葉を話しかけてみます。インコが視線を向ける、近づいてくるなどの反応をしたら、インコが喜ぶごほうびをあげます。くりかえしていくうちに、聞きなれた言葉にインコが関心を示してくれるようになります。

次の段階としては、話しかけた声に近い鳴き声を出したら、たくさんほめてごほうびをあげましょう。こうして練習を重ねていきます。

おしゃべりトレーニング③

呼びかけたら良いことがあると思わせる

呼びかけに反応してくれるのも、インコとのコミュニケーションのひとつです。毎日、続ける習慣をつけましょう。

くりかえしが大事

あいさつの言葉や名前など、呼びかけることを習慣化することが大切。

状況に合わせた内容の呼びかけをしてみましょう

朝起きたら「おはよう」、昼間は「こんにちは」のように、あいさつや名前の呼びかけをしてあげましょう。

そのとき、インコが反応したら、インコの好きなごほうびをあげるようにします。「おりこう」と言葉でほめられるのが好きだったり、食べ物が好きだったりと、インコに合わせたごほうびを選んであげましょう。飼い主さんに呼びかけられると、良いことがあると思わせることが大切です。

くりかえし聞かせることを習慣化していけば、飼い主さんの呼びかけに反応するようになります。

おしゃべりは求愛行動

インコそれぞれ

おしゃべりが得意かどうかは、インコの種類や個体差によっても違いがある。

おしゃべりが得意かは個体差にもよります

インコの種類によって、おしゃべりが得意な種と苦手な種がいます。セキセイインコやヨウムなどはおしゃべりが得意です。また、オスは、他の仲間の鳴き声を聞き、それをマネして、より素敵な鳴き声を出そうとします。これはメスの気を引くための求愛行動のひとつ。そのため、オスはおしゃべりが得意といわれています。もちろん、個体差もあります。

おしゃべりを教える目的でインコを選ぶなら、よく鳴いている、声色を使い分けている、音に対して関心が高いインコを選ぶと良いでしょう。

音を使ってトレーニング①

クリッカーでトレーニングをしよう

インコにわかりやすく、そしてストレスなく伝えられるので、音を使ったトレーニングが効果的です。

コミュニケーションツール

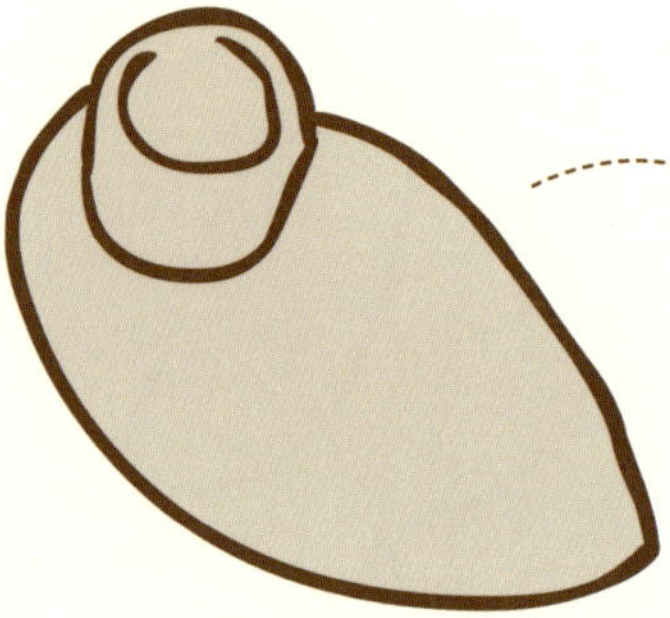

「カチッ」と鳴るクリッカー

クリッカーは、犬のトレーニング用などとしても市販されている。

自発性を大切にするのがクリッカートレーニング

クリッカーとは、ボタンを押すと「カチッ」と音がする道具のことです。心理学の理論にもとづいた方法で、自発性を大切にして強要することなく、「好ましい行動」や「してほしい行動」を学習させるために、犬をはじめとしたさまざまな動物のトレーニングにも使われています。基本のルールをきちんとおさえてさえいれば、飼い主さん以外の人でも、インコに何かを教えることができます。

カスタネットなど普段聞くことのない音でも代用できますが、本書ではこのクリッカーを使ったトレーニング法を紹介します。

活用法はさまざま

クリッカートレーニングのしくみを知っておけば、いろいろと活用できる。

タイプ別による音を使ったトレーニングのメリット

用心深い
Aタイプ

苦手克服のために使える

他のタイプに比べ、警戒心が強いため、苦手なものが多いのがこのタイプ。クリッカートレーニングは強制することなく、自発性を尊重する方法なので、苦手克服に使えます。

怖がり＋好奇心
Bタイプ

状況に応じて使い分けられる

苦手なものに対してはAタイプのように、それを克服するための方法として使えます。好奇心を示しているものに対しては、芸を教えることに役立つなど、幅が広がります。

好奇心旺盛
Cタイプ

好奇心を満たすために

好奇心旺盛から、退屈だといたずらを楽しんでしまうこともあるのが、このタイプ。好奇心を満たしてあげるために、クリッカーを活用し、いろいろな芸を教えてあげましょう。

音を使ってトレーニング②

クリッカーとごほうびを結びつけておく

トレーニングをはじめる準備段階として、クリッカーの音がすると、ごほうびがもらえて良いことがあると教えておきます。

チャージング

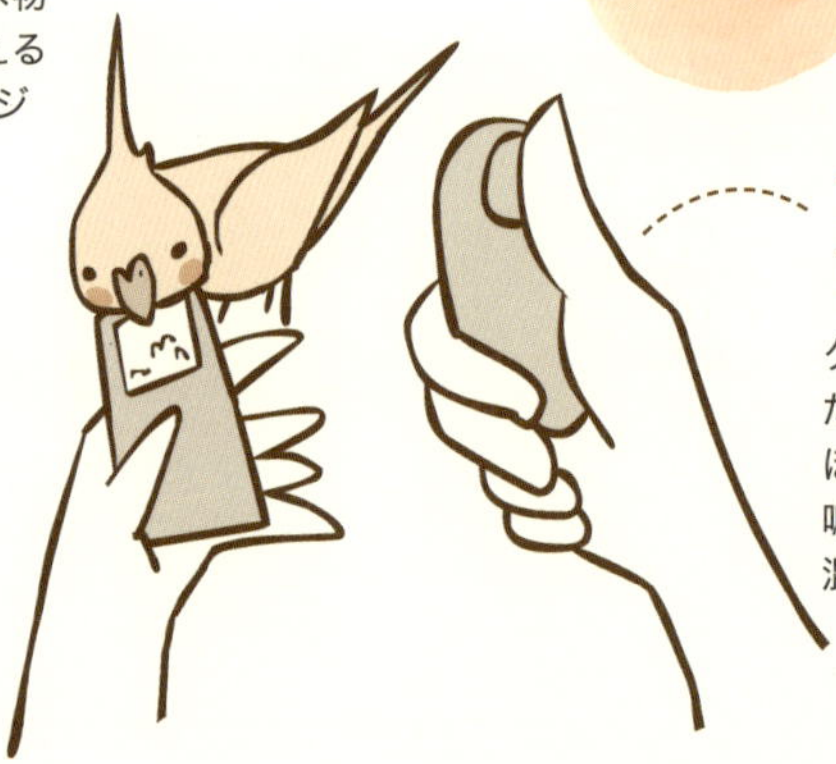

食べ物も使ってね

クリッカーと食べ物を結びつけて教えることを、「チャージング」という。

1クリック 1ごほうび

クリッカーを鳴らしたら、ひとつだけごほうびをあげよう。鳴ってもあげないと、混乱してしまう。

鳴らしたらすぐに好きな食べ物を与えます

クリッカーの音＝良いことが起こるというのを、まずはインコにしっかり覚えさせておきます。

ごほうびとして、インコの好きな食べ物を用意しておきます。食べかすが散らからず、すぐに飲み込めるものが良いでしょう。

クリッカーの音が鳴ると、好きな食べ物がもらえる、と結びつけるためには、鳴らした直後（約0.6秒後が理想的）に食べ物を与えます。クリッカーを鳴らしたら、すぐに食べ物を与える、をくりかえしていくうちに、クリッカーの音とごほうび（良いこと）を結びつけてくれるようになります。

誤解がないように

ヒントはガマン

自発的に考えさせるため、できるだけヒントは与えないようにしよう。

合図をしてあげて

最初と最後に声かけをして「その間は集中してみよう」と合図をする。

クリッカーを使うときの注意点を知っておこう

「ヨシ」などの言葉の合図だと、そのときの感情が入ってしまうこともあります。毎回同じ音で、誰でも同じ合図を出せるため、インコが迷うことなく学習に専念できるのがクリッカーの利点です。ただし、はじめての場合はインコの様子を見ながら遠くで使ってみてください。

クリッカーを鳴らす際は、体を動かさない、声をかけない、表情を作らないようにします。それらが合図と誤解されるからです。

クリッカーがごほうびであると結びつけられたら、実際に行動を教えてあげましょう。

音を使ってトレーニング③

クリッカーを使ってはじめてのものにならそう

クリッカーの音とごほうびの結びつきを覚えてくれたら、「はじめるよ」の声をかけて、トレーニングをはじめてみましょう。

練習しよう

何をしてほしい？

クリッカーを使って最終的に「してほしい行動」に近づけていく。

インコの様子を見ながら無理せず少しずつ練習を

初めて見るものに対して、多くのインコはまず怖がるものです。クリッカーを使って、初めて見るものに触る、足をかけられるようにしていきましょう。ここでは止まり木を使った手順を紹介しますが、手やスケールにのることを教えるのにも応用できます。

❶インコの近くに止まり木を置きます。置く位置は、インコの様子を見ながら。強く警戒しているようなら、遠くの位置に。

❷止まり木にインコが少しでも視線を向けたら、クリッカーを鳴らし、ごほうびを与えます。

❸止まり木に向けて、首を伸ばし

無理に続けない

もう練習イヤだー

逃げたらやめることも大切。数回を数日にわけて、少しずつ練習していく。

たり、少しでも近づいてきたら、その都度、クリッカーを鳴らし、ごほうびを与えます。

❹同様にして少しずつ段階をふんでいき、最終的に止まり木に止まれるようにしていきます。

　ポイントとして、止まり木に行くことを目的としているので、途中の段階でのごほうびは、止まり木から離れたところで与えます。

　また、怖い気持ちが高まると、途中でインコが逃げてしまうこともあります。そのときは無理に続けないことです。ごほうびの出るクリッカーを楽しいものと理解していれば、しばらくして落ち着くと戻ってくることもあります。

音を使ってトレーニング④

クリッカーを使ってケージに入れるようにする

ケージにインコが自主的に入るのを教えることもできます。
インコの動きをよく見ておき、タイミングよく鳴らしましょう。

ケージに関心を示す

少しずつ近づけるように

ケージに関心を示したり、近づいてくるしぐさが見られるごとに鳴らす。

ケージに入ると良いことがあると教えていきます

外で楽しく遊んでいても、遊び終わったら、ケージに入れなければなりません。インコが自分からケージに入ってくれるとラクですよね。もっと遊びたかったのに、飼い主さんに無理やりケージに入れられたと思われずにすみます。クリッカーを使い、ケージに入ると良いことがあると、インコに教えていきましょう。

❶インコの近くに、出入口の扉を開けたケージを置きます。

❷ケージに少しでも視線や体を向けるなど、意識しているしぐさが見られたら、クリッカーを鳴らし、ごほうびを与えます。

ケージに入る

ケージに入ったら？

中に入ったら、ごほうびを与える。中に入ると良いことがあると教えよう。

❸一歩ずつでも、ケージに近づいたら、クリッカーを鳴らし、ごほうびを与えます。
❹最終的にインコが完全にケージの中に入るまで、クリッカーを鳴らす→ごほうびを与える、をくりかえしていきます。

ポイントとして、インコが途中でケージと逆の方に進んだときには、クリッカーは鳴らさないようにします。鳴らなければ、「あれ？鳴らないから、こっちは違うのかな」とインコは考えます。ケージの方向に体を変えたら、クリッカーを鳴らして、ごほうびを。

新しいケージや、キャリーケースにも、この方法で入れるようにしておくと良いでしょう。

音を使ってトレーニング⑤

クリッカーで楽しもう 箱のふた開け

クリッカートレーニングの基本さえきちんと知っておけば、楽しい遊びを教えることもできます。さあ挑戦してみましょう。

ふた開けトレーニング

開けられるかな？

箱のふたを開けることが楽しいと思ってもらうトレーニング。

ふたを開けることを楽しんでもらいましょう

クリッカーを使い、「してほしい行動」へとインコを導くようにしていけば、さまざまなことに応用できます。

ここでは「箱のふた開け」の芸を教えてみましょう。箱のふたを開けることが楽しいゲームとなるように教えていきましょう。今後これに似たものや、さらに高度な行動への応用になります。

❶インコが開けられるようなふたつきの箱を用意します。

❷インコが警戒しないくらいの距離に箱を置きます。

❸まずは置いた箱にインコが視線を向ける、体を前のめりにする、

箱をあてて みよう

どの箱が正解？

応用として、複数の箱の中からあててもらうトレーニングもある。

首を伸ばす、箱に触れる、ふたにくちばしをつける、ふたを少し持ち上げるなど、最終目標にむけての小さなステップに対してその都度クリッカーを鳴らし、ごほうびを与えます。

❹目標でない行動を止める、声かけするなどしてやめさせる必要はありません。クリッカーが鳴らなければ、どうしたら鳴るのか自分で考え、別の行動をします。それが目標に近ければクリッカーを鳴らしてください。

❺バリエーションとして複数の箱を用意して、正解の色や形を決め、インコにあててもらう遊びもできます（教え方はP86を参照）。

音を使ってトレーニング⑥

クリッカーで楽しもう おかたづけ

今度はくちばしでものをくわえたら、それを運んで箱の中に入れるという「おかたづけ」の遊びを教えてみましょう。

コインは何枚？

最初はコイン１枚で練習を。できるようになったら、枚数を少しずつ増やす。

得意な行動を活かして楽しい遊びにしてみよう

インコはくちばしでものをくわえることが得意です。そんな器用なくちばしを使って、箱の中にくわえたものを入れるという遊びも教えることができます。

ここでは、おもちゃのコインを使っていますが、くちばしでくわえて運びやすく、安全なものであれば、何を使っても大丈夫です。

❶おもちゃのコイン1枚と、箱（中にコインを入れられそうなものなら何でもOK）を用意します。

❷コインをインコの近くに置き、コインに意識を向ける→コインに近づく→コインに触れる→コインをくわえて持ち上げる、といった

箱の中に入れる

コインを箱の中に！

最終的にくわえたコインを箱の中に入れることを目標に、練習を重ねよう。

手順で、インコがそれらの行動をするごとに、クリッカーを鳴らして、ごほうびを与えます。

❸次に、コインをくわえて、箱に向かう行動が見られたら、クリッカーを鳴らし、ごほうびを与えます。箱とは別の方向に進んでいるときは、鳴らしません。

❹最終的に、くわえたコインを箱の中に入れたら、クリッカーを鳴らし、ごほうびを与えます。

コインをくわえることよりも、箱に入れるという行動は難しいかもしれません。少しずつ練習していくことが大切です。1枚ができるようになったら、徐々に枚数を増やして挑戦してみましょう。

音を使ってトレーニング⑦

クリッカーで楽しもう 色あて遊び

インコは色を見分けることができるのを知っていますか。
そんなインコの優れた能力を活かした遊びも教えてみましょう。

指示した色をあてる

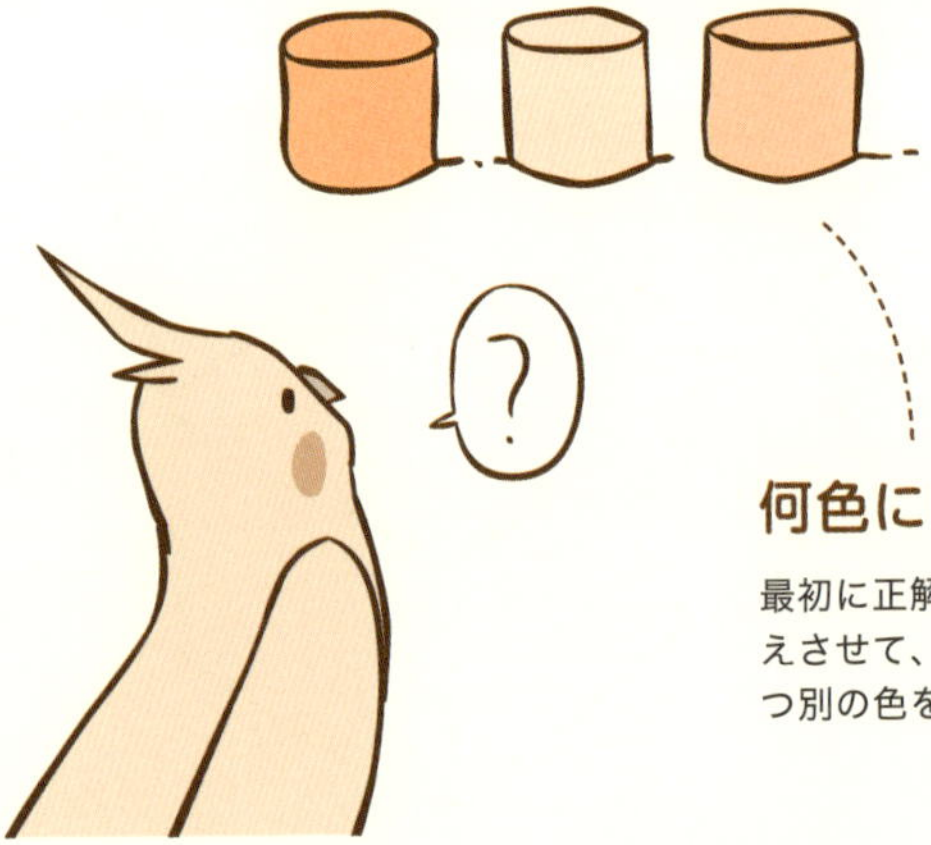

何色にしよう？

最初に正解の色を覚えさせて、ひとつずつ別の色を加える。

色違いのものの中から正解の色を選ばせよう

インコは色を見分ける能力が高いといわれています。そんなインコの優れた能力を、楽しく遊びながら伸ばしてあげましょう。

いくつか置いた色の中から、正解の色を選ばせるという「色あて」を教えてみましょう。

❶色違いのものを3個用意し、その中から正解の色を決めておきます。

❷正解のものだけを、インコの近くに置き、それに触れたらクリッカーを鳴らし、ごほうびを与えます。こうして、インコにまずは正解の色を覚えさせます。

❸正解のものを置いたまま、別の

正解の色で「カチッ」

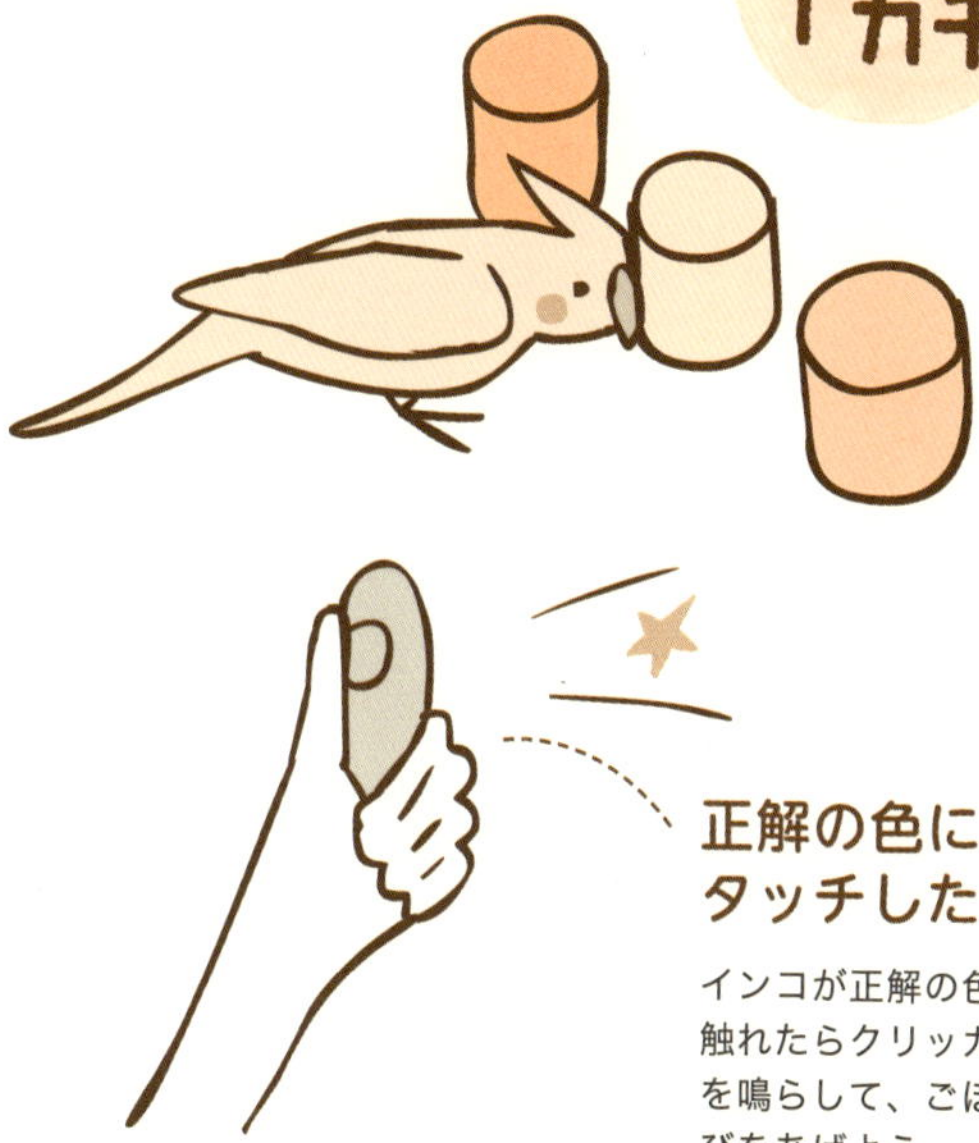

正解の色にタッチしたら？

インコが正解の色に触れたらクリッカーを鳴らして、ごほうびをあげよう。

色のものを追加して置きます。

❹インコが正解のものに触れたときだけ、クリッカーを鳴らし、ごほうびを。他の色に触れたときは、クリッカーは鳴らしません。

❺2色のものの中から、確実に正解を選ぶようになったら、もうひとつ別の色のものを追加します。

❻同様に、正解のものに触れたときだけ、クリッカーを鳴らし、ごほうびを与えるようにします。

　ここまでで確実に正解の色を選べるようになっていたら、置いている順番を変えて練習もしてみましょう。また、インコの理解度にあわせて、色数を増やしても良いでしょう。

Column

ケージの中でもできるクリッカートレーニング

ケージから出せなくても、ケージの中にいる状態でクリッカーを使ったトレーニングが一緒に楽しめます。

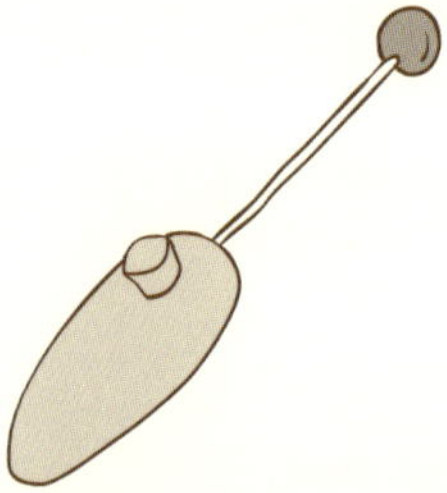

ターゲットとなる棒を用意

棒は割り箸などでもOK。ターゲットスティックとして、この棒の先端に触れると良いことがあると教えます。

少しずつ棒にならしていく

ケージの外で棒を見せ、段階を経て、クリッカーを使い、棒の先端に触れられるようにします。棒を追わせて、目的の場所へ誘導するのに効果的。

教えたい行動を導くのに役立つ

棒に触ることが好きになっていれば、棒をケージの入り口に置いてケージから出たり戻ったりすることを教えられます。

4章

インコが家に来たら はじめること

インコを迎えた初日は、
きっと飼い主さんもインコも
緊張していることでしょう。
インコと信頼関係を築いて
いくための方法を解説します。

新たな環境になれるための1週間

インコが新たな環境に早くなれるように準備をしっかり整えて。
愛される飼い主さんを目指して、最初の1週間を大切に過ごしましょう。

よく観察しよう

ちょっとした変化も見逃さないように、特に最初はよく観察しよう。

インコの知識を身につけることも大切な準備です

新たなインコを迎える日を想像すると、わくわくした気持ちになることでしょう。さまざまな種類のインコがいるので、まずは性格の特徴を確認しましょう。迎える時期を考えることも重要です。

インコと新生活をスタートさせる前に、インコに関する知識も身につけましょう。また、動物病院も探しておきます。インコは環境の変化にストレスを感じることが多く、迎えてから1週間は体調を崩しやすい期間です。異変のサインになる外見の変化や排泄の状態なども知っておきましょう。

以前と近い環境に
できるだけストレスを感じさせないよう、インコが以前いた住まいと似た環境に。

飼い主さんとの新生活で信頼を築く大切な1週間

準備のひとつとして、迎える前にインコがいたペットショップなどの環境や生活サイクルを調べておきましょう。インコは環境の変化にストレスを感じやすいので、ご家庭をインコの以前の住まいに近い環境にしましょう。ケージのレイアウトやえさ入れなどを以前と同じように整え、温度や湿度にも配慮したいもの。飼い主さんの生活サイクルも同様に合わせることで、ストレスを軽減できます。

インコのペースを尊重しながら最初の1週間でインコの信頼を得て、愛される飼い主さんになりましょう。

お迎えの準備①

インコを迎える準備をしよう

インコの種類や時期を検討して選びましょう。安全で快適な住環境を整えて、迎える準備を済ませておくことも大切です。

インコの選び方

声と体の大きさは比例しない

声と体の大きさは必ずしも比例しないので要注意。小さくてもおしゃべりなタイプもいたりする。

種類や声の大きさ、時期を検討することが大切

コンパニオンバードと呼ばれるインコと楽しく暮らすためには、ご家庭に合ったインコを選ぶことが大切です。さまざまなインコの特徴をもとに考えましょう。特に声の大きさは騒音問題になる恐れがあるので、よく調べておきましょう。

迎える時期も重要です。挿《さ》し餌《え》中のヒナは飼い主さんがえさを食べさせる必要があるので、留守の時間が多いご家庭には不向きです。一人餌ヒナや成鳥は自分で食事ができるので、世話にかけられる時間が限られているご家庭でも迎えやすいでしょう。

インコを入れるもの

キャリーは移動と仮住まいに最適

キャリーはプラケースより、大きい止まり木を入れられるので、移動と仮住まいに最適。

プラケースやケージも事前にそろえましょう

プラケース、ケージ、キャリーをそろえておきましょう。

プラケースは短時間の移動に便利なグッズです。保温性に優れているので、体調を崩しやすいヒナを連れ帰るときや、動物病院に行くときなどに便利です。

ケージは日常の住環境になります。快適な空間になるように、羽や尾を十分に広げられるスペースがあり、インコにとって安全な素材で作られたものを選びます。

キャリーは長時間の移動や仮住まいに活用するためのグッズです。災害時や帰省時にも役立つので用意しておくと安心です。

お迎えの準備②

ケージの置き場所

ケージは確認しやすい位置で
インコの変化に気づきやすいよう、確認しやすい位置にケージを置く。

ケージは静かな場所の目線の高さに置きます

インコは環境が変わったときにストレスを感じて体調を崩すことがあるので、連れ帰った直後は特に注意が必要です。

ケージの置き場所は温度の変化が少なく、落ち着けるところにしましょう。エアコンの風や直射日光が当たらないところが安心です。ドアや窓の近くはさまざまな気配がするので、避けた方が無難。

ケージを置く高さは、飼い主さんが様子を見やすく、話しかけやすい目線に近い位置が良いでしょう。迎えた後、インコの様子や飼い主さんへの態度を見て、場所や位置を調整していきます。

えさ入れと水入れ

なれたものでストレス軽減

環境の変化で食欲が落ちることも。えさやえさ入れはなれたものを用意しよう。

えさ入れと水入れは使いなれたものが安心

　環境変化にはいろいろな要素があります。ケージの形、敷き紙の種類や素材、入れてたおもちゃ、えさ入れなどさまざまです。身の回りの変化が少ないほど安心感を持つので、最初は馴染んだものを用意してあげましょう。

　環境が変わって食事をしてくれなくなるインコもいます。そんなときは、以前食べていたものと同じ種類のえさ、同じえさ入れを用意して警戒心をなくしてあげてください。

　環境に馴染んだら、飼い主さんの好みや使いやすさを考えたものに変えることができます。

お迎え初日①

迎える初日に注意すること

万が一のことを考えて迎える日のスケジュールを立てること。
インコの体調や安全に配慮しながら初日を過ごしましょう。

迎えに行く準備

動物病院の診察時間を考えよう

夕方に迎えた場合、動物病院の診察時間外に体調を崩すかも。午前中に迎えよう。

万が一を考えて迎える日のスケジュールを立てます

迎えに行くときは、インコが新たな環境になれるまで飼い主さんがつき添えるように、2日間以上の連休に迎えに行きたいもの。飼い主さんがえさを食べさせなければいけない挿し餌ヒナは、数週間以上つき添う必要があります。

迎えてからの数日は特にインコが体調を崩しやすいので、インコを診察できる動物病院を事前に探しておくことも重要です。いざというときに動物病院をすぐ受診できるように、迎える日は休診日の翌日以降の午前中が良いでしょう。

ケージに移す

ケージへの移動はインコにおまかせ

インコが自主的に移動するように、ケージを快適な空間にしておくことも大切。

インコのペースでケージに移動させます

インコを家に連れ帰ったら、新たな住まいになるケージに移します。初日はどんなインコも警戒心が高まっています。移すときにインコを逃がしてケガをさせたり、無理に移動させてストレスを与えたりしないように注意しましょう。

まずは移動の前に部屋のドア、窓、カーテンを閉めてインコの安全を確保します。連れ帰ったケースの出入り口を開けて新しいケージの扉につけておき、自分から移動するのを待ちます。または、やさしく手にのせる、手やタオルで包み込むようにして、そっと移動させましょう。

お迎え初日②

距離を置いて静かに見守る

飼い主さんにも緊張する？

飼い主さんの存在に緊張することも。のぞき込むような観察は控えること。

触れ合いを控えて見守ることが良い関係の第一歩

インコは、迎えた直後は警戒心が高まっています。初日は落ち着かせることを優先しましょう。

初日は新たな飼い主さんにもなれていない状態なので、少し距離を置いて様子を見ましょう。ボディサインからインコの状態を読み取ることも必要です。

コミュニケーションは、ケージの前を通り過ぎるときに、そっと声をかけるあたりからはじめると良いでしょう。それでも怖がる場合は、離れたところから見守る程度にとどめること。インコに安心を与えることが、良い関係を築く第一歩になります。

食事、飲水、排泄を確認

生存に必要な行動を確認する

食事、飲水、排泄は生存に必要な当然の行動。それができない状態は危険。

ボディサインや食欲で体調の変化を確認します

ちょっとした体調の変化を見逃さないように気をつけましょう。不調のボディサインだけでなく、食事、飲水量、排泄の状態も合わせて確認することが大切です。

食事は今まで食べていたえさと同じものを用意して、食欲の有無をチェックします。食事や飲水のタイミングが合わずに確認できない場合は、えさと水の減り具合から判断します。

排泄も体調を知る重要な手がかりです。フンがなければ食事をしていないか、消化に問題がある可能性が高く、下痢状であれば体調不良のサインと考えられます。

お迎え2日目以降①

コミュニケーションと社会性が大事

2日目を迎えてインコが安定している場合は、
積極的にコミュニケーションを図り、社会化を進めていきましょう。

新しい名前を教える

名前は統一することを心がけて

インコが名前を覚えやすいように、呼び方はご家庭内で統一することが大切。

名前に対して良い印象を持たせる工夫が大切です

飼い主さんのもとへ来て翌日以降。インコが落ち着いているならコミュニケーションを積極的に試みましょう。声をかける頻度を増やしてボディサインを確認します。怖がっている場合は、見守ることを続け、怖がっていなければ、新たな名前を教えましょう。

人間が個人を呼ぶときのように「名前」を認識しているかは、まだはっきりしていません。しかし、名前を呼ばれた後に良いことが起きれば、名前に良い印象を持つようになります。名前を呼んだ後に、おやつを与えたり微笑みかけたりしましょう。

インコとスキンシップ

インコの好奇心に合わせて交流

ケージの外に興味を持っているインコは好奇心が勝っている状態。積極的に交流しよう。

自主的にケージから出たらスキンシップを試みます

インコが安定していたらスキンシップをはじめても良い頃でしょう。もともと人になれていたインコの場合、コミュニケーションを控えることが、かえってストレスになってしまう場合もあります。

まずは手をケージに近づけてみましょう。怖がる様子がなければ、室内の安全を確保してからケージのドアを開けます。インコが自主的に出てきたらそっと手を近づけて、反応を見ながら手にのせる、なでる、などしましょう。

ケージの中にいきなり手を入れると、怒ったり怖がったりすることがあるので控えましょう。

動物病院で健康診断を受ける

先住鳥と接触は数週間控えて

迎えたインコが病気に感染している可能性も。できれば早めに健康診断を受けよう。

動物病院の健康診断のタイミングは慎重に判断

動物病院での健康診断はお迎え初日など、できるだけ早く受けることをおすすめします。外出を負担に感じるような繊細なインコは、動物病院と連絡を取りながら適切な健診時期を決めましょう。

動物病院にインコを連れて行く場合は、季節に合わせた温度管理が大事。保温性に優れたプラケースが安心です。はじめての病院訪問が楽しいものになるように心がけ、おやつなどを用意し、待合室や診察室で与えましょう。医師や看護師からおやつをもらう経験なども、楽しい場所という印象づけに役立ちます。

インコの性格を見る

見せるものは安全に配慮して

かじることが好きなインコもいるので、見せるものは安全に配慮を。

早めに性格がわかれば配慮して育てられます

インコの性格は好奇心と警戒心のバランスによって、ABCの3つのタイプに分けられます（P10参照）。性格が早めにわかれば配慮しながら育てられるので、インコの様子を見て判断しましょう。

まずはインコが見たことのないもの（おもちゃや生活用品など）を用意します。ケージから少し離したところから見せて、反応を確認します。怖がる場合はAタイプ、興味を持つ場合はCタイプ、中間の場合はBタイプの傾向がありまず。過度なストレスは体調不良のもとになるので、様子を見ながら慎重に行いましょう。

食事を切り替える

えさの切り替えは慎重に

繊細なインコはえさの切り替えをより慎重に。挿し餌から一人餌に変えるときも同様。

食事を新しいものに切り替える

えさは数種類の穀類を混ぜたシードが一般的です。また、必要な栄養素をバランス良く含む人工飼料のペレットを活用するのも選択肢のひとつです。

インコは食べなれないものを警戒したり、食べて体調不良になることもあります。えさの切り替えは、これまでのものを1〜2割減らして、その分新しいものを混ぜて、その割合を少しずつ増やしていきます。また、日々の体重変化や排泄物を見て、体調変化にも注意するようにしましょう。

ライフスタイルを合わせる

留守の練習で不安を軽減

飼い主さんが急に見えなくなると不安で呼び鳴きする場合が。なれる練習が重要。

ご家庭の起床や消灯時間、不在に少しずつならそう

インコの暮らしを飼い主さんのライフスタイルに合わせましょう。えさの切り替えと同じように、迎える前にいた住まいでの暮らしから少しずつ切り替えます。

また、起床、消灯、食事などの時間は飼い主さんに合わせましょう。インコを長期休暇中に迎えた場合は、飼い主さんの通勤や外出に備え、不在の状況にならすことも重要です。最初は飼い主さんが別室に移動して、姿が見えない時間を作ります。インコの状態が安定していれば、数日後から1、2時間程度外出。留守の時間を少しずつ長くしていきます。

自信のあるインコに

時期に合わせて経験を積む

幼鳥はいろいろな経験を最も受け入れやすい時期。成鳥でも可能だが、慎重に。

周囲の人や環境に対して楽しい経験を積ませます

人の社会でインコが暮らしていくためには、〝社会化〟が欠かせません。社会化とは、周囲（人、もの、環境など）と接する中で楽しい経験を積み、社会性を身につけること。一つひとつの経験がインコにとって良いもので終わることが大切なので、まずは質を考えて様子を見ながら社会化を進めましょう。

上手に社会化を進めれば、いつでもどこでも平常心で過ごせるようになります。動物病院への入院や旅行などの外出も落ち着いてできる、ストレスに強いインコに育てましょう。社会化は生涯継続することも重要です。

五感に訴える

楽しい経験が大事

社会化が過度な刺激にならないように注意して。楽しい経験で終わらせること。

聴覚や視覚などに訴える刺激を考えましょう

社会化はインコの五感に訴えるものを選んで、インコが落ち着いていられる程度の距離や刺激で経験させてあげます。ほめたりおやつをあげたりして、楽しいと思うよう心がけます。

ここでは五感への刺激の例を紹介します。聴覚は掃除機やテレビなどの生活音。視覚は飼い主さんの服装やカラフルなおもちゃを見せます。触覚はさまざまな形状の止まり木や床材を。味覚は野菜、フルーツなどインコでも安全に食べられるものを与えます。嗅覚は窓を開けた際の風や草花のにおいなどを楽しんでくれるでしょう。

聴覚への刺激

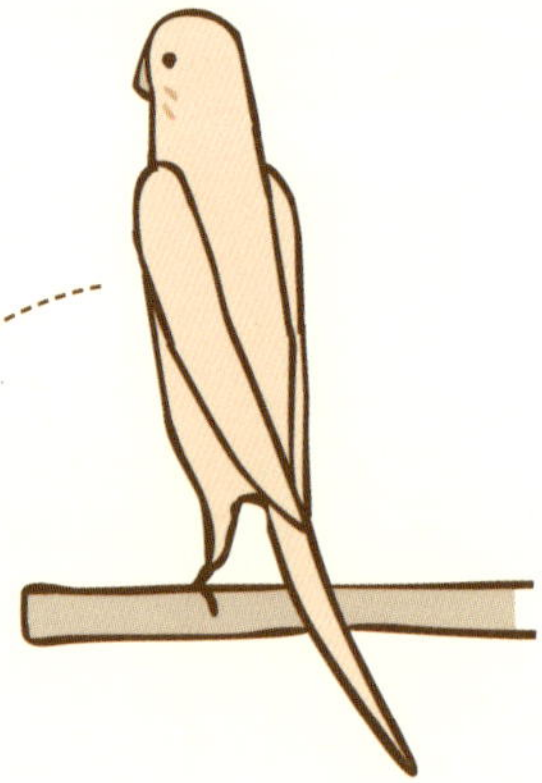

ボディサインと距離に注意

インコは警戒することが多いので、ボディサインと距離に注意しよう。

掃除機を隣の部屋から近づけます

ケージの周囲はえさなどが散らばってしまうので、掃除機やハンディクリーナーで掃除ができれば便利です。インコが排気や動作の音を怖がらないように、掃除機になれさせましょう。

最初は隣の部屋で掃除機の電源を入れ、インコの様子を見ます。声をかけられることが好きなら、話しかけたりおやつをあげたりして、安心させるのも良いでしょう。数日間かけて、掃除機をケージに近づけます。近づけるときに、形や大きさを怖がる場合もあるので気をつけましょう。

視覚への刺激

色の好みに注意

インコは色に好みがある。過去の経験によって嫌いな色がある場合は要注意。

飼い主さんの服装や装飾品を見せましょう

インコが飼い主さんや来客を見て怖がらないように、服装への社会化も進めます。コミュニケーションを図るときに、服の形や色を変えて見せましょう。インコを冬に迎えた場合は、飼い主さんの服装が長袖なので、夏になって半袖に変わると驚くこともあります。飼い主さんには素肌があることを教えておくことも忘れずに。

髪型、眼鏡、マスクなどにも良い関連づけをさせたいもの。指輪やネイルが原因で、飼い主さんの手に突然のらなくなることもあります。自身の装飾品などにも配慮しましょう。

Column

クリッピングのメリットとデメリット

インコが飛べないように風切羽《かざきりば》を切ることをクリッピングといいます。
風切羽は３ヶ月程度でまた生えますが、
メリットとデメリットがあるので、ご家庭でよく検討しましょう。

クリッピングのメリット

密なコミュニケーション ………… インコの行動範囲が限られるので、飼い主さんがほめたり遊んだりして密なコミュニケーションが図れます。

好ましい行動を強化できる …… ケージに戻らないインコを追いかけて関係が悪化するなどの問題を防ぎ、良い行動をほめて強化できます。

クリッピングのデメリット

飛ぶスキルに影響を及ぼす …… 飛ぶことを学習する時期だと、飛ぶスキルが身につかず体の発達に影響したり、運動不足になることも。

退屈や欲求不満 ………………………… 高所から落ちたり、うまく飛べなくて壁にぶつかったりしてケガをしてしまうことがあります。

クリッピングをする場合

クリッピングをする場合は、インコがケガしないように、動物病院やペットショップに依頼したほうが安心です。

5章

インコがリラックスする飼い方

インコがリラックスして暮らすためには、
快適な環境作りが大切です。
バランスの良い食事や運動不足解消など、
体調管理にも気を配りましょう。

バーズ動物病院
西谷英院長　監修

インコのための快適空間

人間には過ごしやすい部屋であっても、体の小さいインコが過ごしやすいとは限りません。インコが快適に生活できるためにも、環境をしっかり整えてあげましょう。

えさ

インコにはどんなえさをあげれば良いでしょう？　主食から副食、必要な栄養素まで食事のポイントをアドバイス（→P120〜P125）

注意！

逃げないように放鳥時はドアを閉めること。挟まってケガすることにも注意！

注意！

インコはコードをかむことが大好きです。危険ですので、目を離さないようにしましょう

注意！

家具やドアの隙間に入ってしまうと危険！

注意！

輪ゴムやクリップ、アクセサリーなどの小物は、ケガや誤飲する危険も！　片付けましょう

放鳥時のお部屋と遊び

インコが部屋の中で遊べること
はたくさん！　いろんなもので
一緒に遊んであげてください
（→P116）

注意！

透明の窓ガラスに衝突してケガすることも！　カーテンを閉じるなど、事故を防止しましょう！

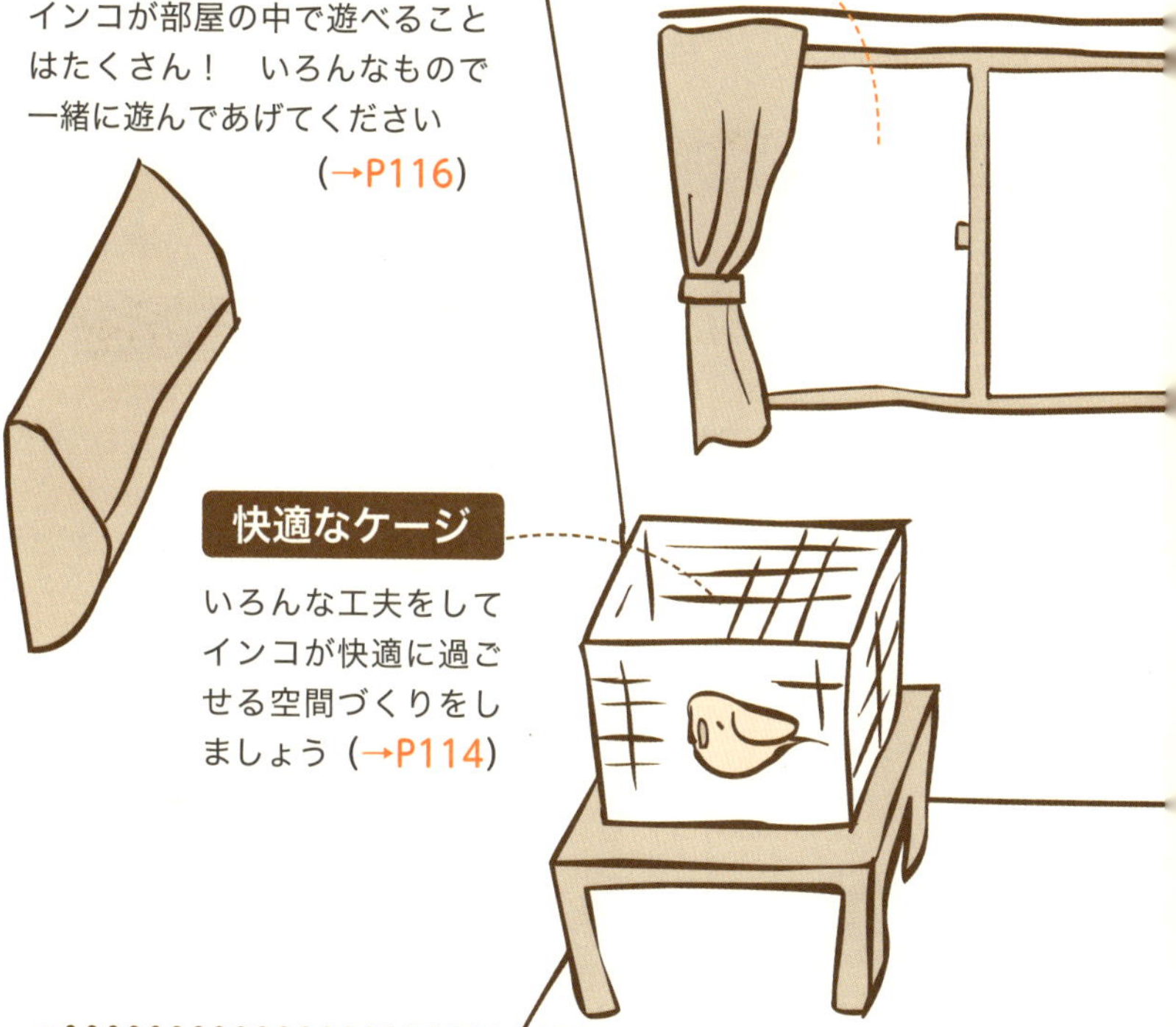

快適なケージ

いろんな工夫をして
インコが快適に過ご
せる空間づくりをし
ましょう （→P114）

他のペットと同居するには？

イヌの場合

お互いがストレスにならないよう、別の部屋にする、ケージを使う、トレーニングをするなどして安全管理と対策を。

ネコの場合

お互いがストレスないよう、生活空間は分けておくようにします。ネコから見える場所にケージを置かないこと。

その他

爬虫類もお互いが見えない位置に。先住鳥がいる場合は病気感染を防ぐために普段から健康と衛生管理の対策を。

快適なケージ内の環境

インコが一番長く過ごすのはケージの中です。ケージの中は少しでも快適に過ごせるような工夫をしてあげましょう。

安全な材質を

インコはくちばしでケージをかみながら移動するので、口にしても安全な材質を選びましょう

シンプルな形が◎

形はシンプルなもので扉は大きめに開くものが、インコの出入りが楽です。天井部分が開くものも用具の入れ替えや掃除に便利です

浅型のえさ入れ

ケージについているものだと深すぎて食べにくかったり、下のほうのものが痛んでしまうというケースも。浅型のものを選びましょう

おもちゃ

お留守番時や一人遊びができるようにおもちゃも入れておきましょう。新しいおもちゃを入れる場合、そのおもちゃで危険な遊び方をしないかしばらくは観察することを忘れないでください

止まり木は２本

ケージの中でも遊べるように高さを変えて2本設置するのがおすすめ。太さはインコの足で包み込んで少し隙間があくくらい。理想は握った状態で1/3~1/4くらいあまる程度

縦型の水入れ

水入れで水浴びをしたり、えさやおもちゃを浸したりして楽しむインコもいます。汚れが心配な場合は、縦型のものを設置しておくと便利です

保温対策にペット用ヒーター

インコの保温は空間を温めることが重要です。暖かい空気を吸うことで体を温めます。30度くらいを上限に、温度計とサーモスタットで温度管理を。やけどやコードをかむなどの事故にも注意。

ナスカン

ケージそのものの扉、えさ入れや水入れの扉を簡単に開けてしまう器用なインコも多いのです。インコの安全確保のために用意しておきましょう

お部屋で放鳥して遊ぼう

人と暮らすインコにとって遊びの時間は大切なものです。
運動不足解消をかねた放鳥時は、より楽しく過ごさせてあげましょう。

箱や紙袋で「いないいないばぁ」

箱や紙袋で遊んだり、飼い主さんがのぞき込んで「いないいないばぁ」などの遊びをしても楽しんでくれます

紙はビリビリ

新聞紙やティッシュなど紙類をやぶくのも好きです。紙の中にえさを入れておいて、探させる遊びも楽しいです。ただし、やぶいた紙を巣材にして発情することもあるので注意

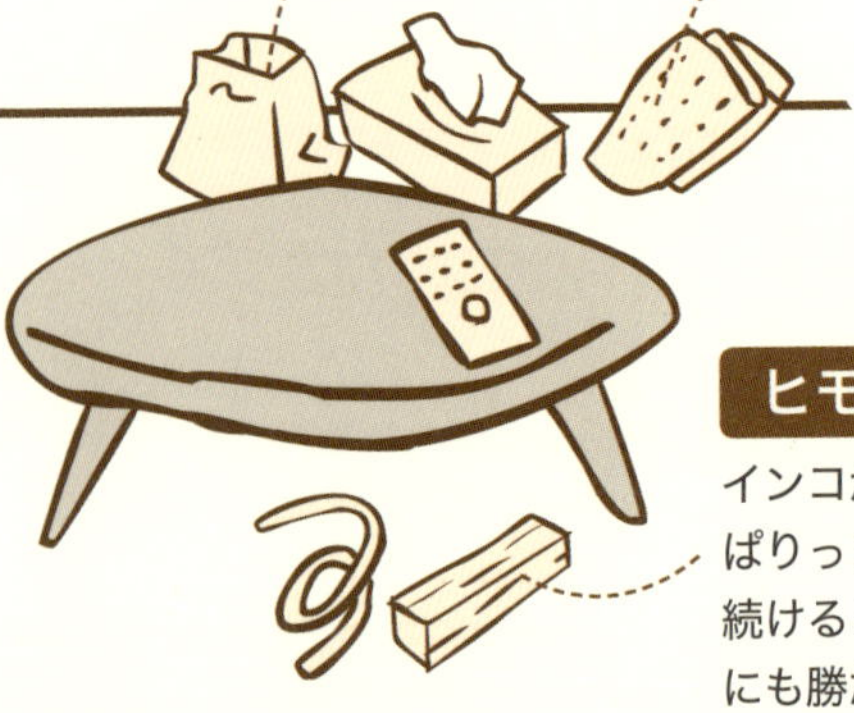

ヒモや木片で引っぱりっこ

インコがかじって遊んでいるときに引っぱりっこしてみましょう。飼い主が勝ち続けるとインコは退屈するので、インコにも勝たせてあげましょう

注意！

❶床を歩いて移動するインコも多いです。うっかり踏まないよう気をつけてください。

❷リモコンやパソコンのキーボードなどを、かじるのが好きなインコが多いです。かじられて困るものはしっかり管理をしておきましょう。

❸遊びが楽しいと、なかなかケージに戻ってくれないことも。時間に余裕を見て放鳥しましょう。

❹目を離さないことで、まずは安全確保！　距離やボディサインに注意しながら、楽しんでいるか怖がっていないかをよく観察しましょう。

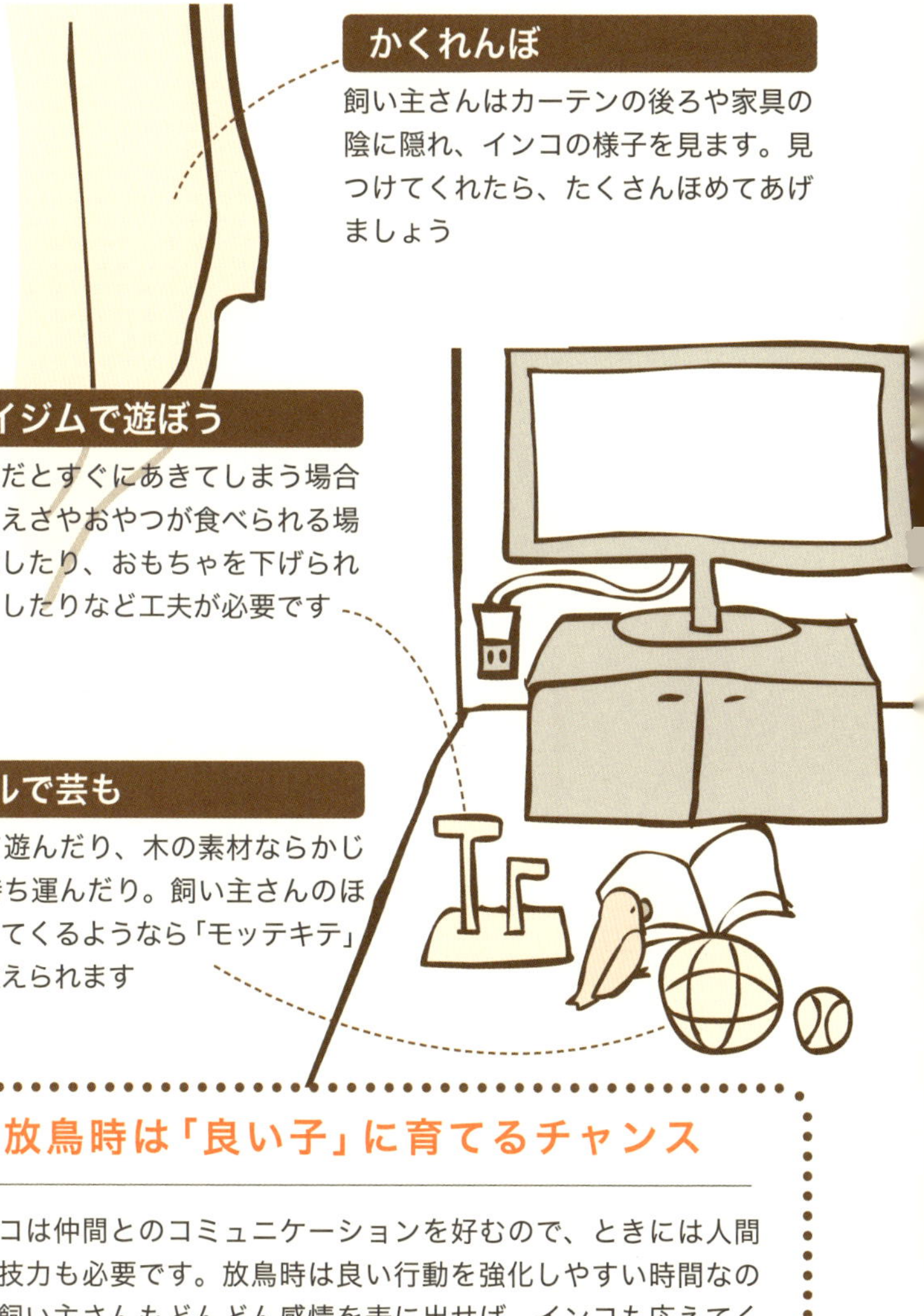

かくれんぼ

飼い主さんはカーテンの後ろや家具の陰に隠れ、インコの様子を見ます。見つけてくれたら、たくさんほめてあげましょう

プレイジムで遊ぼう

同じ素材だとすぐにあきてしまう場合も。中にえさやおやつが食べられる場所を用意したり、おもちゃを下げられるようにしたりなど工夫が必要です

ボールで芸も

転がして遊んだり、木の素材ならかじったり持ち運んだり。飼い主さんのほうへ持ってくるようなら「モッテキテ」の芸も教えられます

放鳥時は「良い子」に育てるチャンス

インコは仲間とのコミュニケーションを好むので、ときには人間の演技力も必要です。放鳥時は良い行動を強化しやすい時間なので、飼い主さんもどんどん感情を表に出せば、インコも応えてくれます。例えば「かくれんぼ」も「どこかなー！」「あー見つかったー！」など大げさに演技してみましょう。

えさと食習慣で
インコの健康を守る

肥満は万病のもと、といわれるように、健康のためには太らせないようにすることも大切です。正しい食習慣を心がけます。

太らない
ように
注意

インコの健康にとって体重の管理はとても重要。おいしそうに食べているからといって、あげすぎは禁物。キッチンスケールなどを使って確認しよう

えさの量

体重を見て

体重は、食事前後で意外と変わります。朝、食事前に体重を計り、体重の増減をみながらえさの量を調整するように心がけます。

太らないようにするには

決まった量を決まった時間に

1日に必要な量を守り、規則正しい生活のためにも決まった時間に与えるようにします。

カロリーが高くないものを

ひまわりの種など高カロリーのものは、肥満防止のために控えるようにしましょう。

こんなことに注意

人の食べるものはあげない

人間の食べものの中には塩分や脂肪、糖分の高いものが多いので、与えないようにします。

拾い食いをさせない

金属や植物の中には、口にすると中毒を引き起こすものもあります。拾い食いに注意を。

主食は体重の増減に合わせて量を変更

バランスの良い食事はインコの健康管理の基本。
毎日食べるものだから、主食選びに気を配り、量の調節をしましょう。

シード

シードの基本はひえ、あわ、きび、カナリアシード。ひまわり、あさのみ、サフラワー、えごまなど、脂肪分の多い種子は避けたほうが無難

ペレット

インコに必要な栄養がとれるよう、人工的に作られた完全栄養食のことをさす

シードの選び方

殻つきと殻むき
殻つきの方が栄養価が高く、殻をむきながら食べることがストレス解消にもなるのでおすすめです。

栄養の偏りに
インコはタンパク質や脂質の高いものを好みますが、栄養バランスを考えて数種類混合したものを選んだほうが良いでしょう。

ペレットの選び方

適したものを選ぶ
インコの種別ごとなど、さまざまな種類のものが出ています。インコに適したものを選ぶようにしましょう。

入手しやすいものを
ペレットは輸入品が多いため、在庫切れや廃盤になることも多々あります。そのため、数種類のペレットを食べられるようにしておくと良いでしょう。

与え方

体重の１割を目安に

１日に与える量は体重の１割程度です。トレーニングのごほうびなども、この中から与えるようにします。

必要な栄養素を取り入れよう

インコに必要な栄養素にはどのようなものがあるのでしょうか。
あらかじめ知っておくと、日頃の食生活の管理に役立ちます。

栄養
バランスを
整える

殻つき餌が主食の場合は、ヨウ素が含まれたビタミン剤を使用する。また、ビタミン剤で、摂取しなければならないビタミンのベースを作ることができる

野菜と鉱物飼料を与えていてもビタミン類とヨウ素が不足します。これらを補うためにはビタミン剤を使うと良いでしょう。ビタミン剤にはヨウ素が含まれているものもあるので、それを使うと便利です。

必要な栄養素

ビタミンA
視覚、骨代謝、免疫機能など、インコが生活する上で重要なビタミンです。

ビタミンD_3
カルシウムの吸収力を高める役割をしています。ビタミンD_3は日光浴によって体内で合成されます。このとき必要な紫外線はガラスをほとんど通らないので、窓越しではなく直射日光を浴びるようにしましょう。その際、目を離さないように注意。

他に必要なビタミン
上記の他にも、ビタミンB群、C、E、Kなどが必要です。このうち、ビタミンEだけは殻つき餌から摂取することができます。それ以外は不足しやすくなりますので、ビタミン剤で補いましょう。

ヨウ素
ヨウ素が不足すると、甲状腺の病気を引き起こすことがあり、ヨウ素はインコにとって摂取が難しい栄養のひとつです。殻つき餌を主食としているなら、ヨウ素が含まれたビタミン剤を併用しましょう。ただし、ペレットにもヨウ素が含まれているので、ペレットを主食としているならビタミン剤は不要です。

ナトリウム
体の機能を維持するために欠かせませんが、過剰摂取には注意しましょう。

カルシウム
骨や体液の構成や筋肉の収縮、神経の伝達など、多くの重要な役割を持ちます。不足すると、幼鳥の場合くる病、成鳥の場合卵詰まりが起こりやすくなります。

副食にはビタミンや鉱物飼料を

主食をシードにしている場合は、栄養バランスの面から副食を与えます。どのようなものが良いのか知っておきましょう。

インコの食べる楽しみも考えて、ペレットを7割、殻つき餌と野菜をおやつ程度に3割あげるのがおすすめ

野菜

緑黄色野菜

必要なビタミン類を補給するために、特にビタミンAをとるために必要なβカロチンが多く含まれた緑黄色野菜を。

おすすめの野菜

小松菜、ちんげん菜、パセリなどの青菜。よく洗った新鮮なものを、生のままで与えます。

果実

季節のもの

リンゴやバナナなど、食べ過ぎに気をつけながら、軽くおやつ程度に与えてもOKです。

鉱物飼料

ボレー粉

カキの殻を砕いたもの。お米を研ぐように洗ってから、えさに入れて与えるようにします。

イカの甲

ボレー粉よりも食べやすいのが、イカの甲を乾燥させたもの。ケージ内に立てておきます。

塩土

塩土《えんど》からは、ナトリウムを摂取することができます。過剰摂取は体に良くないので、週に一度、半日だけ食べられるようにします。

Column

手作りおもちゃでインコと一緒に遊ぼう!

好きなものを引っぱり出して、かじったりすることを
楽しませる遊びをしてみましょう。

作り方

①ストロー、割り箸、綿棒、ねじった紙、わらなど、安全な素材を何種類か用意する。
②紙やプラスチックのコップに立てたり、折り紙で作った箱などにさします。

遊び方

その中から、インコに好きなものを選ばせます。ねじった紙の中にはシードや好きなおやつを入れておくと、やぶいて中のごほうびを取り出したり、さしてある素材をかじってこわして楽しむ子も。

ケージの中でも遊べます

タコ糸や安全なひもを使い、ケージの中にぶらさげておけば留守番時のおもちゃになります。

6章

インコのからだがわかる

小さな変化も、インコにとっては
大きな異常のおそれがあります。
日々の健康チェックを欠かさず、
インコの不調にすぐに
気づくことが大切です。

バーズ動物病院
西谷英院長　監修

外見でわかる

毎日の健康チェック 〜不調のサインを知る〜

インコにはさまざまな不調のサインがあります。
注意して確認してみましょう。

目

- □ まぶたが落ちくぼみ、はれぼったく見える
- □ 目やにが目立つようになってきている
- □ 目の中心にある水晶体が白っぽくなっている
- □ 目が左右に動き、揺れている

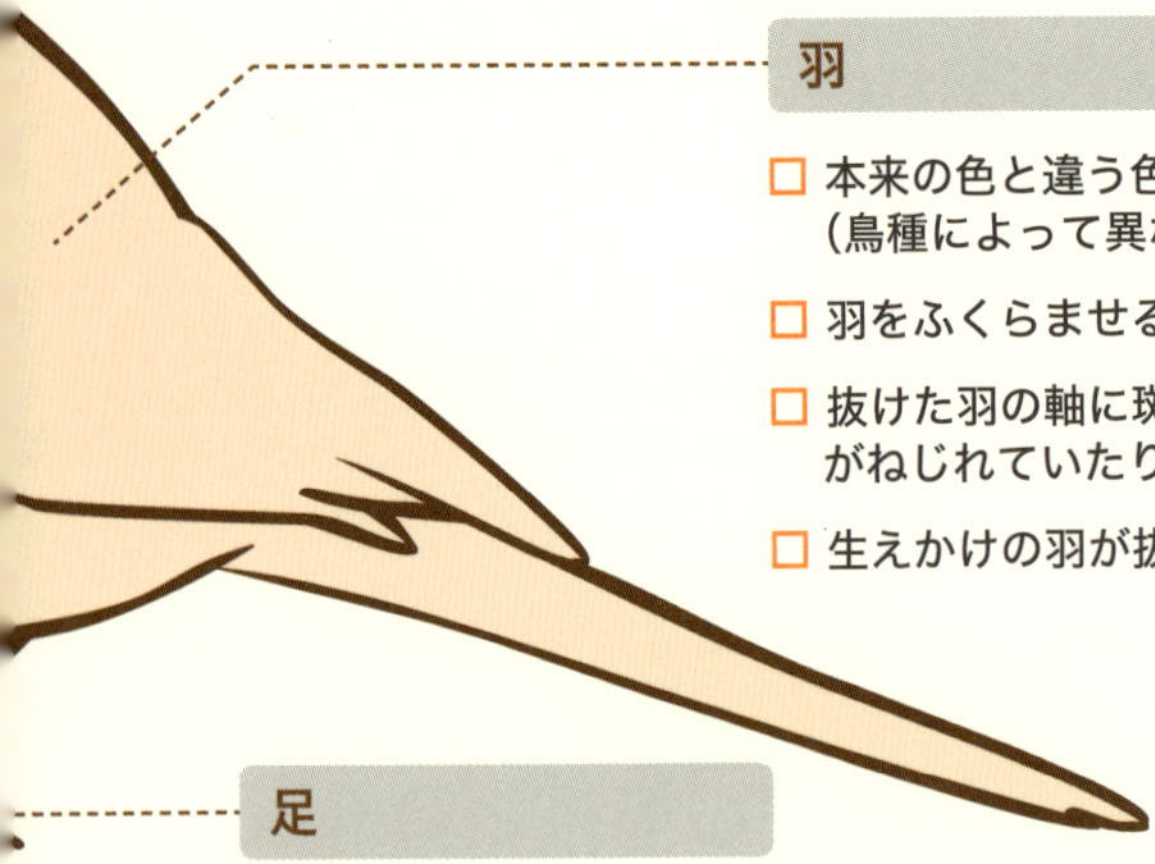

羽

- □ 本来の色と違う色の羽が出てくる（鳥種によって異なります）
- □ 羽をふくらませる（膨羽《ぼうう》）
- □ 抜けた羽の軸に斑点があったり、軸がねじれていたりする
- □ 生えかけの羽が抜け、はげてしまう

足

- □ 枯れ枝のように細くなっている
- □ 爪に斑点が出てくる（爪が透明なタイプに限る）
- □ 白いできものがある
- □ 足を上げっぱなしにして、止まり木を握らない

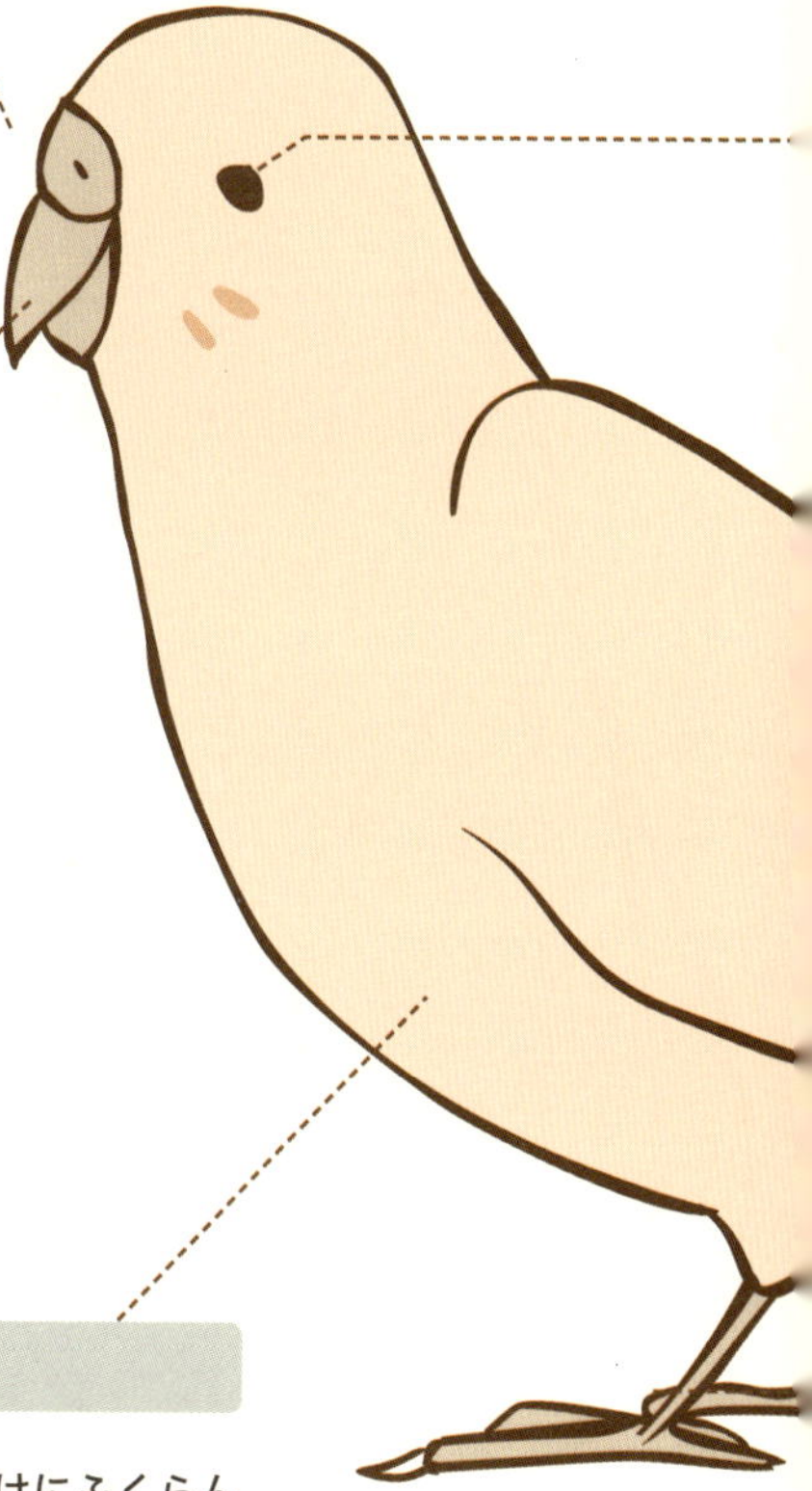

鳴き声

- □ 声がかすれている
- □ ヒューヒュー、といった呼吸音が出ている
- □ 最近になって、鳴かなくなった

くちばし

- □ 切る必要があるほど、伸びてしまっている
- □ かみ合わせがわるい
- □ 黒い斑点が出ている
- □ 汚れが目立つようになっている

おなか

- □ さわってみると、やけにふくらんでいる
- □ 胸の筋肉が異常に減っている
- □ 飼いはじめたときよりも痩せている（太っている）

不調のサインと可能性のある病気①

P128-129でチェックした健康状態について、
以下のような病気の場合があります。

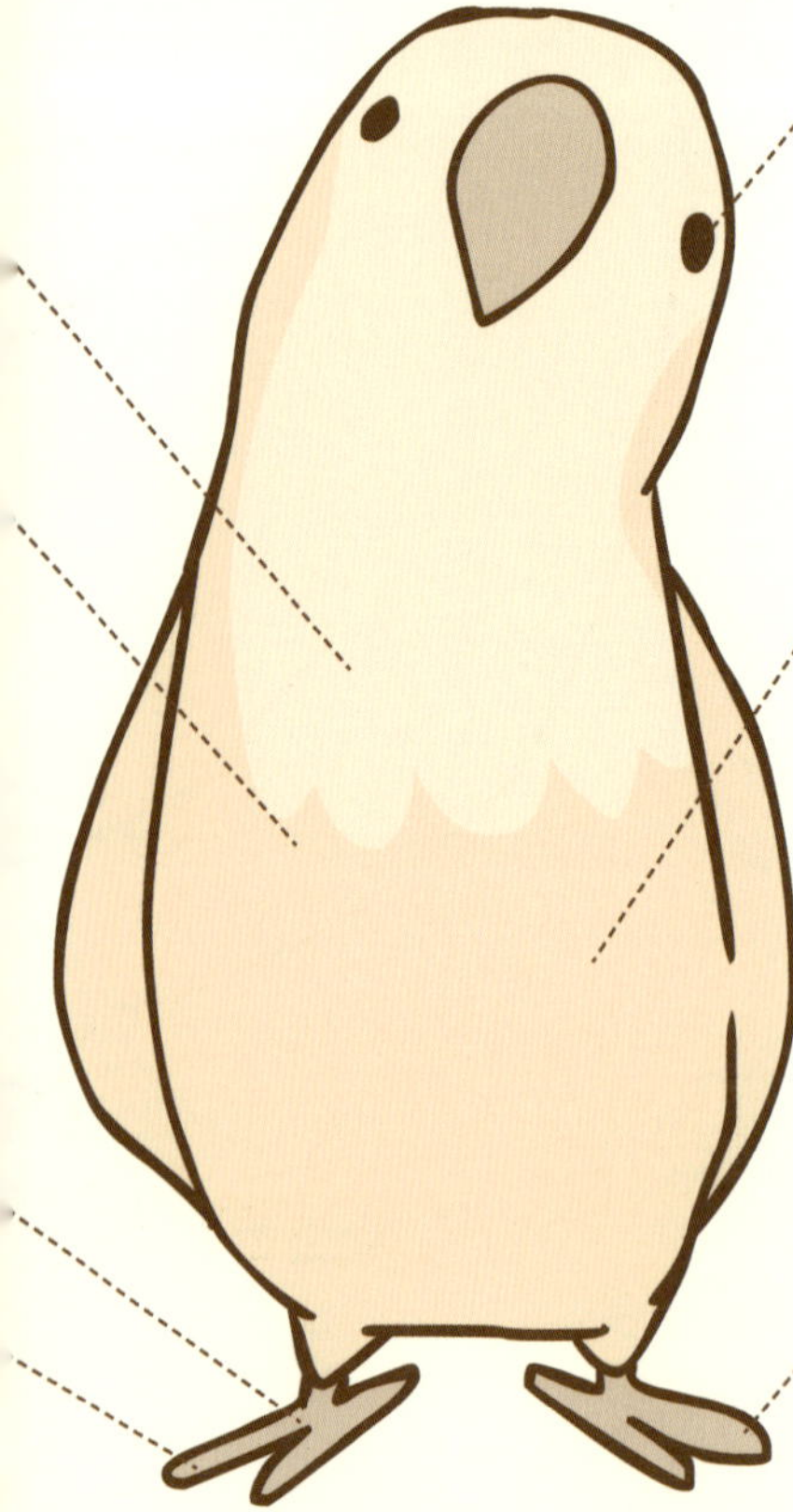

まぶたが落ちくぼみはれぼったく見える

目に異常が出るときは、脱水症状の可能性があります。

羽の色が変わってきた

羽の色が変わってくるのは、内臓の疾患が考えられます。

可能性のある病気：肝臓疾患、栄養障害、ウイルス疾患など

爪に斑点がある

内出血、肝臓が悪いなど内臓疾患の恐れがあります。

可能性のある病気：外傷による内出血、肝臓疾患

羽をふくらませる

体調が悪いときにすることが多いです。寒かったり、眠かったりするとふくれます。

可能性のある病気：あらゆる病気のサインなので、精密検査をしてください。ただし、必ずしも病気とは限りません

生えかけの羽が抜け、はげてしまう

羽にも病気があります。抜けた羽はとっておき、病院で見せましょう。

可能性のある病気：PBFD（オウム類のくちばし・羽毛病）、BFD（セキセイインコ雛病）など

足に白いできものができた

腎臓がわるくなり、痛風にかかっていることもあります。

可能性のある病気：痛風

止まり木を握っていない

足に異常があると、しっかりと止まり木をつかみません。

可能性のある病気：捻挫、骨格の異常、生殖器疾患など

不調のサインと可能性のある病気②

目やにが目立つ

目の病気だけでなく、呼吸器に問題がある可能性もあります。

可能性のある病気：副鼻腔炎、角膜損傷など

鳴き声がかすれている

声を出す鳴管《めいかん》が痛んでいる可能性があります。

可能性のある病気：鳴管炎、呼吸器疾患、甲状腺腫など

胸の筋肉が痩せてきた

あらゆる病気のサインなので、精密検査をしてください。

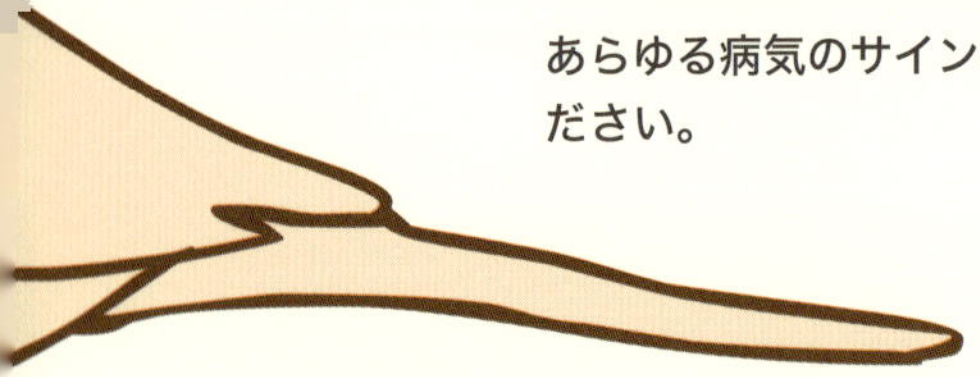

おなかが大きくなってきた

生殖器の病気が考えられます。

可能性のある病気：精巣腫瘍、卵巣腫瘍、卵管炎、肝不全、腎不全、腹腔内腫瘍など

目の水晶体が白っぽく見える

高齢のインコの場合、白内障の恐れがあります。

可能性のある病気:白内障

くちばしが伸びすぎている

肝臓を悪くしていることが多いです。

可能性のある病気:肝臓疾患、栄養障害、成長板異常、疥癬症など

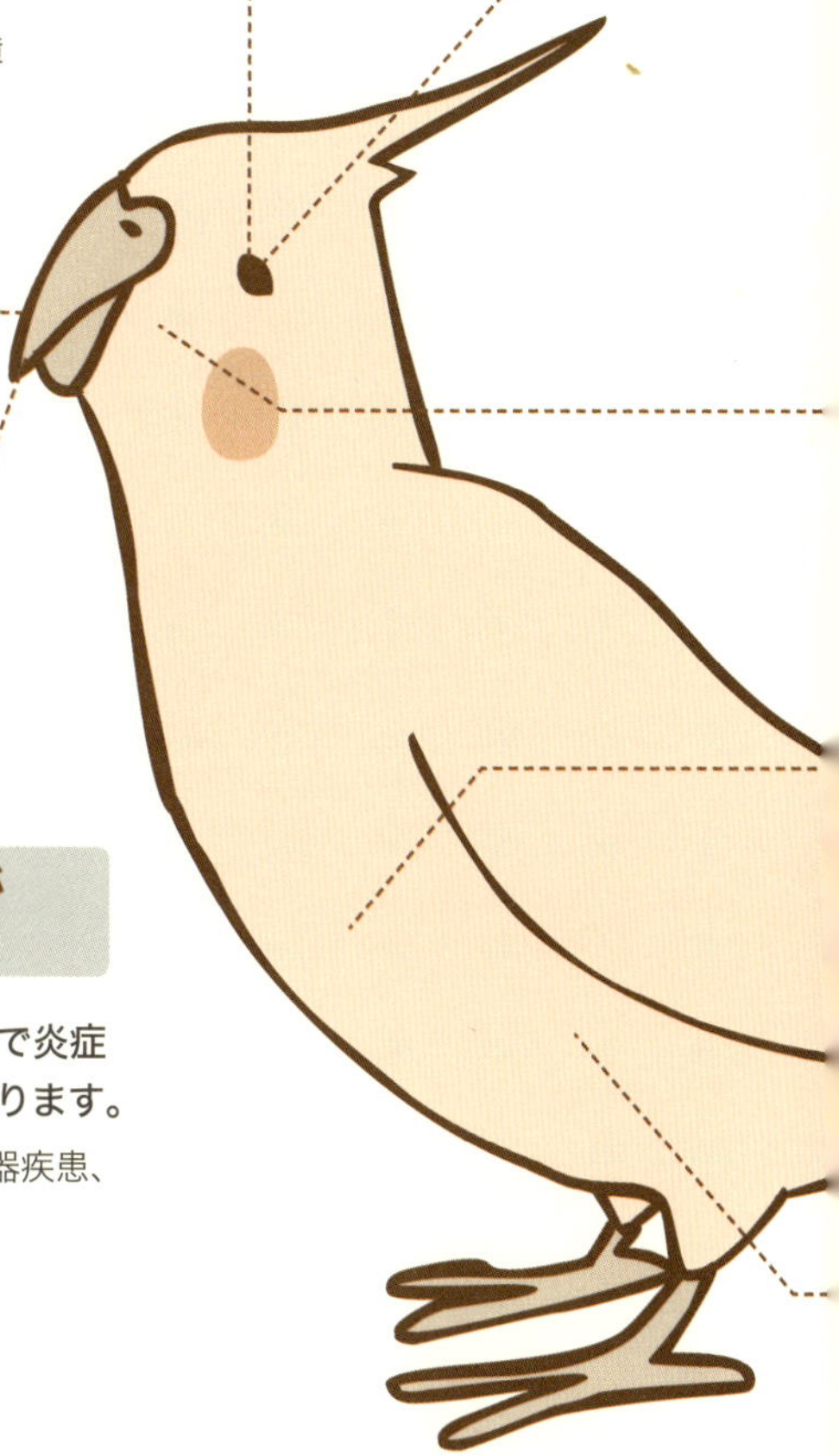

くちばしの汚れが目立つ

呼吸器の異常や、口内で炎症が起きている場合があります。

可能性のある病気:呼吸器疾患、口内炎、口角炎など

インコがかかりやすい病気

人間と同じようにインコも病気になります。
病気の傾向を知っておけば、
いざというときに慌てません。

消化器系

マクロラブダス症	マクロラブダスという真菌が原因で、未消化便・下痢・黒色便・嘔吐などの症状が見られます。病院で抗真菌剤を投与してもらうのが有効でしょう。
トリコモナス症	トリコモナスという寄生虫の寄生が原因です。嘔吐や食欲不振などの症状が見られます。抗原虫薬を使って治療することができます。
胃炎・胃腫瘍	原因はまだわかっていません。セキセイインコが発症しやすく、嘔吐や食欲不振、下痢、黒色便、粒便などの症状が見られます。治療が困難なため、対症療法や支持療法が中心となります。

呼吸器系

副鼻腔炎	鼻炎を発症してから続発することが多い病気。副鼻腔に病原体や膿がたまり、蓄膿症になることがあります。薬剤感受性試験、鼻腔洗浄などの治療が必要です。
鳥クラミジア症	クラミジアが原因の人獣共通感染症で、人間に感染するとオウム病と呼ばれます。結膜炎やくしゃみ、鼻汁、下痢、尿酸の黄色化、神経症状など、さまざまな症状が見られます。便や血液などを使った遺伝子検査をします。
肺炎	肺炎には、感染症で発症する場合と中毒性、アレルギー、誤嚥性などの非感染症によって発症する場合があります。初期症状では、体調や食欲などに変化が見られないので、注意深い観察が必要です。

泌尿器系

腎炎	慢性的なビタミンA欠乏や感染、カルシウムの過剰摂取、中毒が原因となることが多いです。腎腫瘍の可能性もあります。
痛風	内臓痛風と関節痛風の2つに分類されます。内臓痛風は突発的に起こり、急性の経過をたどるため、予後が悪いことが多いです。

生殖器系

卵塞（卵詰まり）	メスのおなかがふくらんで2日以上経っても産卵しない場合は、卵塞の可能性があります。
卵管炎	ホルモン異常や細菌感染が原因で卵管に炎症が起きます。下腹部がふくらんでいたら注意します。
卵管脱・総排泄腔脱	卵管炎などが引き金となり卵管や総排泄腔が体外に出てしまうことです。この症状が出てしまうと、手術整復処置が必要になることがあります。

皮膚・羽毛系

ウイルス性羽毛疾患	若い鳥に多く、羽が変形して抜け落ちてしまう病気。血液検査を受けることで早期発見につながります。
毛引き	自分の羽をつついて抜いてしまう症状のこと。精神的な理由が多く、くせになってしまうと治すのが難しい病気です。
疥癬症	トリヒゼンダニという寄生虫が皮膚やくちばし、爪などに寄生して発症します。
しりゅう症	趾底部に腫瘤や潰瘍ができる症状です。足を引きずって歩くのが特徴です。
嘴形成不全	くちばしが長すぎるなど、形に異常がでます。ウイルスや細菌感染、肝疾患、栄養障害、先天性など、原因はさまざまです。その原因にあった治療が必要となります。

気をつけたいインコのケガ

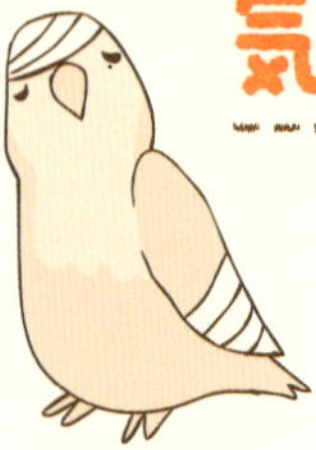

ちょっとした不注意で思わぬケガにつながることもあります。ここでは、よくあるケガとそれを防ぐための予防法についてふれていきます。

骨折に気をつけよう

こんな症状を見たら

・片足を上げたままで、もう片方の足に握力がない。
・翼がだらんと下がり、体全体がぐらぐらしている。

考えられる原因

・人が足で踏んでしまったり、インコ自身がドアにはさまってしまったりして、体の一部を骨折してしまった。あるいは、暗いところでパニックを起こしてしまい、網などに足を引っ掛けてしまった、などが考えられる。

こう予防しよう

・部屋で遊ばせているときは目を離さないようにする。椅子に座ろうとすると、滑り込んでくることがあるので注意が必要。

やけどに気をつけよう

こんな症状を見たら

・熱湯に飛び込んでしまったり、油を浴びたりしてしまった数日後、足を上げていたり、赤く腫れていたり、足を痛がったりしている。

考えられる原因

・加熱された調理器具や油、お湯に飛び込んできた。
・石油ストーブに飛び込んだ。
・保温器具に長時間接していた。

こう予防しよう

・放鳥時には料理をしたり、食事をしたりしない。やけどをした直後は皮膚にそれほど変化は見られないが、日にちが経つと患部が悪化するため、平気そうに見えても病院へ連れていくことをおすすめする。

ほかにもある気をつけたいケガ

①中毒

原因：拾い食い、家の外の工事の有機溶剤が室内に入ってきてしまった。

対処法：放鳥しているときは食べ物を出さない。外からの溶剤が原因の場合は、換気をしない。

②テフロン中毒

原因：テフロン加工のフライパンを空焚きしていると、テフロンが蒸発してしまう。吸いこむとひどい場合は死亡してしまうことも。

対処法：インコがいる部屋では料理をしないようにする。

飼い主さんができる予防とケア

飼育環境や食生活で、飼い主さんができる予防法はいくつかあります。

飼育環境を整えよう

・巣箱は入れないようにする。巣箱を入れると発情しやすくなる可能性がある。新聞紙やトイレットペーパーなど巣材にしやすいものはなるべく入れないようにしよう。

・遮光や保温対策としてケージカバーを使うと良い。また、アクリルケースを使えば、エアコンの風が直接当たらないようにすることもできる。ただし、夏場は暑くなりすぎないように気をつけよう。

・おもちゃの素材は、木材などの自然素材が安心。金属が含まれている場合は、鉛などインコに害のある素材が含まれていないか確認すると良い。

爪切りはこうしよう

- 短くするよりも尖っている部分を落とすような感覚で爪を切ろう。
- 爪切りは模型用のニッパー、人用の爪切りなど、切れ味の良いものを選ぶのがおすすめ。切れ味が悪いと爪が押しつぶされるように切られ、思わぬケガにつながることもある。

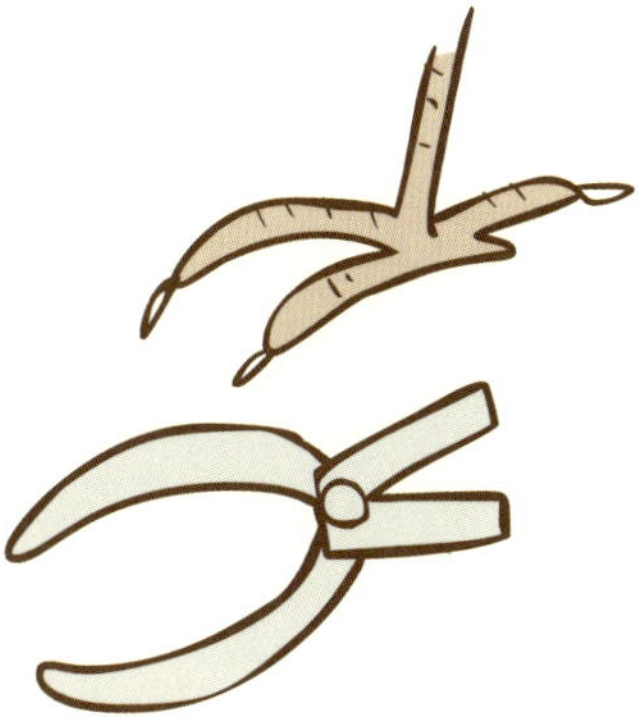

体重測定

- 体重測定のタイミングは朝がベスト。えさをあまり食べていない状態なので、インコ本来の体重を計ることができる。
- 1g単位で測定できるので、キッチンスケールを使うと良い。

出血時はこう応急処置しよう

- 出血部位がわかり、血が出ているときはまず圧迫止血をすること。目安は約3分。
- 爪から出血した場合は小麦粉をつけて止血すると良い。それでも血が止まらない場合は、病院で診察を受けること。

Column

病院をお出かけ先のひとつに！病院を好きになってもらうために

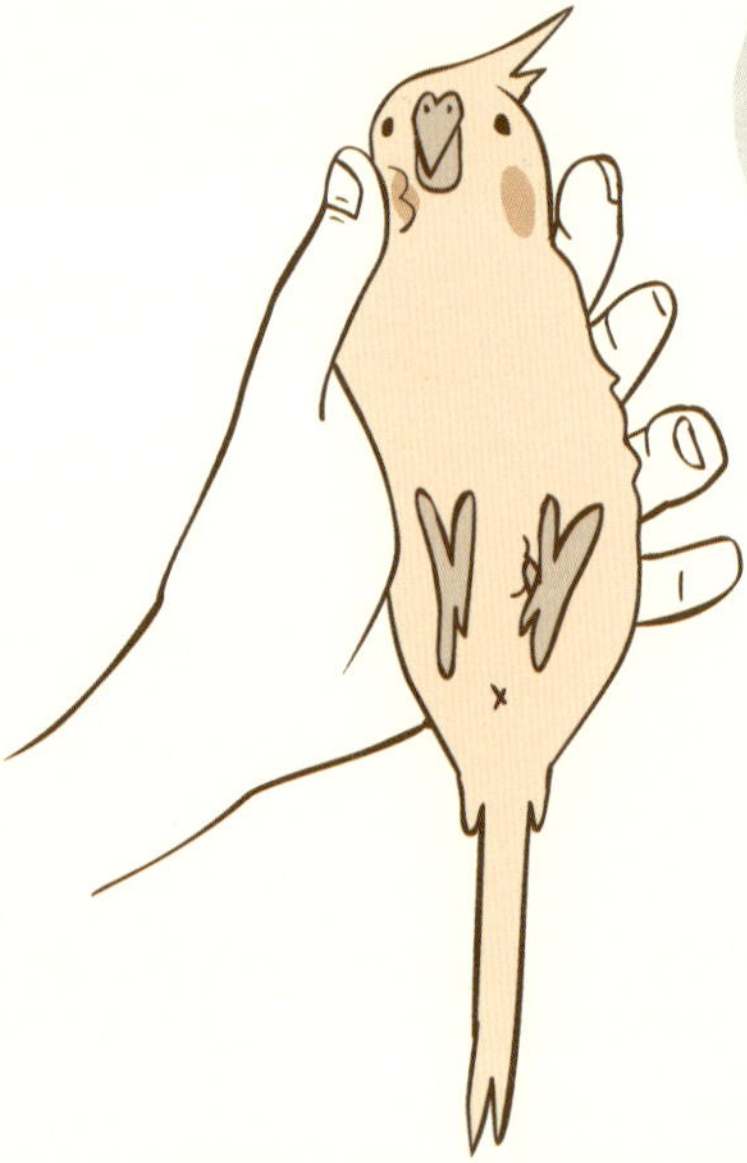

定期検診へ行こう

病院に行く回数は年に２、３回の定期検診がおすすめです。オカメインコの場合、人の４倍のスピードで歳をとるので、病気もその分早く進行します。定期的に検診を受けることで、インコの異常に早く気づくことができます。

診察では体重測定や羽や足に異常がないかなどをチェックします。詳しい検査になると、レントゲンを撮ったり、血液検査をしたり、病原体を調べたりします。高齢のインコの場合は、レントゲンや血液検査、病原体検査などを追加したバードドックを年に1回行うと良いでしょう。

病院が嫌いになってしまう理由

インコが病院を嫌いになってしまうのは、性格による場合が多いです。小さなうちから病院に通っていると、嫌にならないこともあります。

人の場合もそうですが、病気になってはじめて行った場所でいろいろ検査をされると、精神的な負担になります。さらにその場で入院となると、知らない人に囲まれて心細くなってしまい、それが原因で病院が嫌いになってしまうわけです。

そこで、インコの大好きなおやつなどを用意して、病院の待合室や診察室などで与えてあげると、病院が好きになるきっかけになるかもしれません。

おわりに

私がこんなにもインコにはまったのは、1羽のオカメインコの〝ばど美〟との出会いがきっかけです。

相手に好かれるためには、まず相手を十分に知ること。知ればば知るほど知的で繊細な存在であるばど美。その魅力を最大限に引き出してあげられればと努力を続けながら、毎日一緒に生活してきました。

インコは長生きです。もちろん生涯一緒にいるつもりですが、

いつどんな理由で離れ離れになるかわかりません。そんな状況になっても「いつでも、どこでも、誰といても」楽しく過ごせるような社会性の高いインコに育ててあげたい。私がインコから好かれることも大切ですが、誰からも好かれるインコにしてあげることは、もっと大切なのだと思っています。

みなさんとみなさんのパートナーのインコ達が、今よりもさらに楽しい関係を築けるよう、そしてインコ達がみんなに愛されるよう、本書の情報がお役に立つことを願っています。

石綿美香

● 監修プロフィール

石綿美香

D.I.N.G.O.副代表、CPDT-KAほか。上智大学外国語学部英語学科卒。英国在住中に動物行動学を学び帰国後現職。「ばど美のクリッカートレーニング」DVD。オカメ3羽、ボタン1羽、キンカチョウ1羽と同居。

http://www.dingo.gr.jp/index_j.html

クリッカーの販売とお問い合わせに関して
http://www.dingo.gr.jp/goods/index_goods.html

西谷英（5章・6章監修）

バーズ動物病院院長。酪農学園大学卒業後、鳥と小動物の病院リトルバード、ハート動物クリニックの勤務を経て、横浜市緑区にバーズ動物病院を開業。診療の傍ら地域に貢献できる獣医師をモットーに地域への情報発信などを行っている。

編集制作	株式会社ナイスク　http://naisg.com/ 松尾里央　高作真紀　小宮雄介
ライター	溝口弘美　金子志緒　菊池絢
イラスト	荒井なつき　八島佑介（Birdstory）
本文デザイン	清水佳子
DTP	株式会社 編集室クルー
写真提供	おさげ（ちーちゃん）　松田奈緒美（レクシー）　上光まどか（花音《かのん》）

（　）内はインコの名前

インコにモテモテ　言葉と気持ちまるわかりブック

総監修	石綿美香
発行者	永岡修一
発行所	株式会社永岡書店 〒176-8518　東京都練馬区豊玉上1-7-14 電話03-3992-5155（代表）　03-3992-7191（編集）
印　刷	ダイオープリンティング
製　本	ヤマナカ製本

ISBN 978-4-522-43308-9　C0076　①